기후환경 변화, 세계화 시대

농업문명의 전환

기후환경 변화, 세계화 시대

농업문명의 전환

윤석원 지음

KYOWOOSA 教友社

머리말

인류는 약 500만년 전 이 지구상에 출현한 이래 끊임없이 기후와 환경에 적응하면서 그 명맥을 유지해 왔고, 다양한 인류문명은 탄생과 소멸을 반복하면서 현재에 이르고 있다. 특히 인류는 지구상에 출현한지 약 500만년이 지난 약 1만년 전에서야 농지를 개간하여 작물을 재배하고 야생동물을 길들여 가축을 사육하기 시작했다. 이때부터 싹트기 시작한 농경사회의 농업문명은 수천 년 동안 인류문명 발달의 중심이었다. 따라서 인류문명의 흥망과 성쇠는 필연적으로 기후 · 환경과 농업문명의 변화, 그리고 당대의 시대정신과 철학적 사고의 틀에 의해 크게 영향을 받을 수밖에 없었다. 인류역사상 수백 년 또는 수천 년을 이어 오며 융성했던 인류문명이라도 현재까지 살아남아 있는 문명은 없다. 그들의 유적만이 후세내들에 의해 발견될 뿐이다.

그러나 수천 년 동안 지속되어 오던 농업문명 중심의 인류문명은 지금으로부터 약 200년 전에 나타난 산업혁명에 의해 농업문명과 인류문명은 획기적인 전환을 맞이하게 된다. 인간과 자연, 환경과의 조화로운 발전보다는 인간이 자연 · 환경을 착취하고 파괴하기 시작하는 적극적인 단계에 진입하게 되었다. 물질과 부를 축적하기 위해서는 지구환경은 물론 수억년 전에 지구생태계가 저장해 두었던 석탄, 석유 등 화석연료를 인간들이 발굴하여 산업문명을 발전시켜나갔기 때문이다.

이러한 산업문명의 발달은 자연스럽게 농업문명에도 엄청난 변화를 초래하게 되었다. 발달된 산업문명의 다양한 산업기술들이 농업문명에 접목되기 시작했다. 인간이 하던 농사일을 기계가 하게 되고 그로 말미암아 동력원인 원유나 에너지를 투입해야하는 고에너지 농업으로 전환되었고, 농약이나 제초제, 화학비료 등을 사용하는 고투입 농업으로 전환되었다. 그것을 우리는 녹색혁명이라고 부르기도 한다. 기후와 지구환경에 비교적 순응적이던 농업문명은 기계화, 화학화, 유전자조작화 등을 통한 적극적 지구환경훼손형 농업문명으로 전환하여 지금 21세기에 이르고 있다.

물론 녹색혁명을 통하여 인류는 식량문제를 해결한 측면도 있다. 산업혁명이후 폭증하는 세계인구 증가를 상쇄할만한 농업생산력의 증대는 녹색혁명에 기인하는바가 크기 때문이다. 그런데 그러한 농업 생산력의 증대는 소위 선진 농업국에만 해당될 뿐 여전히 이 지구상의 많은 인류는 농업생산력 증대를 경험하지 못하고 21세기 현재를 살고 있다. 선진국 중심의 농업문명은 분명히 지구환경을 파괴하는 방향으로 진행되고 있고, 고에너지 · 고투입형 농업은 결국 농업도 자본이 투입되지 않으면 존립할 수 없는 산업의 한 형태로 변형되었다.

한편 20세기말에 출현하여 21세기초반인 현재까지도 창궐하고 있는 전세계적인 신자유주의는 자연과 환경, 농업은 물론 인간까지도 경제적 가치만으로 평가하려는 천박한 자본주의 이념으로서 인류문명의 새로운 전환을 걱정하지 않을 수 없게 하는 시대에 우리는 살고 있다.

온통 지구를 휘감고 있는 우리시대 신자유주의 세계화의 이념은 한마디로 '잘 먹고 잘 살자'이다. 얼핏 보아 잘 먹고 잘 살자는데 나쁠 거야 없어 보인다. 그런데 문제는 수단과 방법을 가리지 않고, 남이야 죽든 말든, 지구환경이야 어떻게 되던 잘 살고 잘 먹으면 된다는 극히 이기적이고 비인간적인 이념이라는데 문제가 있다. 이를 우리는 경쟁력 지상至上주의와 물신物神주의라고도 한다. 개인이든 기업이든 국가든 수단방법가리지 않고 일등 해야만 살아남고 일등 못하면 사라지거나 죽으라는 비인도적 이념에 다름 아니다. 그 일등이라는 기준은 당연히 돈임은 두말할 필요가 없다. 돈이 많으면 경쟁력이 있는 것이요, 돈이 없으면 경쟁에서 뒤지는 것이다. 돈 버는 경쟁력이 있으면 살고, 없으면 죽으라는 것이다. 모든 것이 돈으로 판정되고 돈이 우상이다.

우리나라 농업경제학계의 태두 김준보 선생은 오래전에 이미 다음과 같이 갈파했다. '국제화는 결국 물신성을 강화하게 되는 방안이고 그런 방향으로 규정할 수밖에 없다. 근래의 국제화는 상품의 국제화라기보다는 자본의 국제화가 된 것이며 자기나라 자본의 우월성을 과시하기 위한 국제화'라고 규정하고, '그것이 국제화의 본색' 이라고 규정하였다. '국제경쟁력을 갖추자는 것은 농민의 힘을 북돋우자는 성질의 것이 아니고 자본의 힘을 강화시키자는 것으로서, 인간은 점점 자본에 눌려 자본의 노예가 되며, 이런 상태에의 지속은 전쟁의 원인이 되게 되어 멸망으로 가는 결과를 초래할 가능성이 크다'고 보았다.[1)]

이러한 경쟁력지상주의와 물신주의의 천박한 자본의 논리는 사회 보편적 가치의 혼돈과 인간을 인간답지 못하게 하는 인간소외의 문제를 야기시켰다. 자본 이외의 가치 즉, 농업 · 농촌 · 생태 · 자연 · 환경과 인간이 어우러지는 조화와 지속가능성, 인간이 누리는 행복 · 자긍심 등의 가치는 안중에 별로 없거나 하위의 개념으로 파악하게 되었다. 이는 결국 농업 · 농촌의 본질적 가치를 이해하지 못하게 되었으며, 농지나 토지는 투기의 대상으로 전락한지 오래되었다.[2)]

---

1) 김준보, 국가와 민족과 농업에 대해서, 농업의 재발견, 한국농업경제학회편, 1995, pp.133-134

이러한 시대적 거대한 조류에 밀려 근본적으로 한계가 있을 수밖에 없는 농산물시장의 무조건적 개방과 무역 자유화는 개도국이나 제3세계 국가들의 농업을 사라지게 하거나 축소시켜 만성적인 식량 부족국으로 전락하게 하고 있다. 또한 기아와 빈곤의 문제가 해결되지 않고 있을 뿐만 아니라, 2008년 광우병 파동, 멜라민 파동, 조류인프루엔자AI, 신종인프루엔자, 구제역 확산 등에서 보듯 농 · 식품의 불안전성은 지구 전체의 위기로 대두되고 있다. 따지고 보면 이러한 현상의 근본적 요인은 인간의 물질에 대한 탐욕의 결과로 파악될 수 있다.

농산물 시장 개방과 세계화의 궁극적인 목표가 잘 먹고 잘 살자 라는 것이라면 인류 전체가 잘 먹고 잘 살아야 한다. 그러나 잘 먹고 잘 사는 인구는 65억 인류 전체의 대략 20%에 불과한 약 15억여 명이고, 못 먹고 못 사는 인구는 약 80%인 50억여 명에 달할 뿐만 아니라 갈수록 점점 더 많아진다는데 문제가 있다. 국제식량농업기구FAO의 보고에 의하면 2009년 현재 세계기아 인구는 10억 4천만 명으로 10여 년 전보다 약 8천만 명이 오히려 증가하였다. 더욱 심각한 것은 소위 개인, 국가, 기업 등 모든 부문에서 양극화는 날로 심각해지고 있다. 수십 년간 지속된 이러한 신자유주의 세계화는 이제 인류 전체의 근본적인 생존을 위협하는 수준에 육박하고 있다.

더군다나 신자유주의 세계화의 이념에 따라 선진제국은 GMO 농식품의 생산과 에탄올 생산을 위한 곡물생산에 열을 올리고 있으며, 그동안의 고투입 · 고에너지 농법은 생태, 환경, 자연, 농업의 지속성에 한계를 드러내고 있다. 각종 부작용이 심각하게 현실화 되고 있다.

2008년 유엔경제사회국DESA의 '불평등의 곤경'이라는 보고서에 의하면

---

2) 한국의 경우 상위 1%의 부자가 전체사유지의 56.7%를 소유(국토해양부, 2009)하고 있으며 농지의 약 절반도 부재지주 소유라는 사실이 이를 반증하고 있다.

1995년 WTO체제가 출범한 이후 지난 15년 동안 세계 경제가 크게 성장했음에도 불평등은 심화되고 있다는 것이다. 세계인구 20%가 지구상의 부의 80%를 차지하고 있고, 전세계 총생산액의 약 80%를 선진국 15억여 명이 차지하고 있으며, 남은 20%를 후진국 50억여 명이 나눠 갖고 있다. 또한 세계화의 진전이 낳은 이런 불평등은 국가와 국가 사이는 물론 한 국가의 내부에서도 빈부격차가 심각해 졌다. 후진국의 실업률이 선진국보다 훨씬 높을 뿐만 아니라 많은 나라에서 실업률이 급증하고 있어 빈부격차가 확대되고 있다. 즉, 잘사는 나라는 점점 잘살게 되고 못사는 나라는 점점 못살게 되었음을 의미한다.

결국 1995년 출범하여 15년이 경과한 WTO 체제는 국내적으로도 소위 경쟁력이 있는 특정산업은 성장하게 되고, 그렇지 못한 산업은 축소되거나 사라지게 되어 이 부문 종사자는 생존의 위협을 받고 있다. 즉 농업은 그 중요성이나 공익적 가치가 큼에도 불구하고 어느 나라를 막론하고 소위 경쟁력이라는 잣대만을 들이 댔을 경우에는 타산업과 비교해 볼 때 경쟁력이 있다고 볼 수 없는 특성을 가지고 있다. 그런데 WTO체제는 경쟁력만을 강조함으로 농업이라는 산업은 상대적으로 위축되거나 사라질 위기상황으로 빠져들게 된다.

그러나 선진국의 농업은 다양한 형태의 보조금과 투자에 의해 유지되는데 반해 그럴 재정적 능력과 의지가 없는 대부분 후진국의 농업 · 농촌은 해체적 위기상황을 맞이하고 있다. 이는 결국 국가 공동체의 위기의식으로 연결되고 식량안보는 물론 식량주권의 확보마저도 어렵게 하는 심각한 상황에 빠지게 되고 결국 국토와 환경의 황폐화가 우려되며 지속가능한 발전을 어렵게 한다.

이와 같이 우리시대의 농업문명과 인류문명이 반 지구환경적이고 반 인간적이라면 그것은 영원할 수 없는 것이어야 하고 또 지속가능하지 않을 것이 자명하다. 그러한 인류문명과 농업문명이 지속된다면 지구환경이 피폐화되고 인류는 점차 비인간화될 것이 분명해 보이기 때문이다. 인류문명사에서도 자연에 순응하지 못하고 필요이상으로 물질과 인력이 고투입된 문명은 결국 사라지고 말았음은 우리에게 시사하는 바가 크다. 메소포타미아 문명과 이집트 피라미드 문명이 그렇고, 그리스·로마 문명, 인더스 문명, 아메리카의 잉카, 마야, 아스텍 문명, 캄보디아의 앙코르와트 문명, 만리장성을 쌓은 황하문명의 진나라도 마찬가지로 멸망했다.

이 시대를 살아가고 있는 우리는 사라질지도 모르는 현재의 인류문명과 농업문명에 대한 성찰에 들어가야 한다. 특히 인류문명을 결정짓는 농업문명의 전환이 절실히 필요한 시대이다.

다행스러운 것은 우리의 미래를 기대할만하게 하는 새로운 움직임들이 전세계적으로 싹이 트고 있다. 친환경 유기생태농업, 로컬푸드 운동, 학교급식 운동, 어메니티 자원의 활용, 귀농·귀촌현상, 생협운동, 슬로푸드·슬로시티 운동, 지역공동체운동, 공정무역, 공동체지원농업CSA, 도시농업, 생활협동조합운동의 확산 등이 그것이다. 이러한 농업문명 전환운동은 당연히 친환경유기생태농업을 기본 배경으로 하고 있다. 친환경 유기생태농업이 아니고서는 진정한 의미의 농업문명 전환운동이라고 할 수 없기 때문이다.

이러한 움직임은 지금은 작아 보일지 모르지만 인류의 미래를 위해서는 꼭 가야할 길이며, 지구 전체의 농업·농촌·농민 문제 해결의 가능성을 제시할 수 있는 작은 열쇠이고 희망이다. 그것은 작지만 강한 21세기 농업문명의 전환 움직임이다.

본서는 이러한 문제인식을 근간으로 하여 기후·환경 변화와 농업문명, 그리고 세계화 시대의 이념인 경쟁력 지상주의에 의한 농업문명의 피폐화를 논의하고 그 대안으로 새로운 시대의 농업문명의 전환을 위하여 전세계적으로 번지고 있는 움직임들을 간략하게 소개하고 그 의미를 검토해 보고자 한다. 그 작은 운동들이 미래 농업문명의 중심이여야 하기 때문이다.

이 책의 출간에 물심양면으로 지원해준 KRA와 함께하는 농촌희망재단에 고마움을 표하고 싶다. 그리고 방대한 자료를 인내로 수집, 정리하여 준 중앙대 산업경제학과 김수정 양, 임형종 군, 오규민 군, 장혜림 양에게도 감사의 뜻을 표한다. 평생을 후학들의 학문발전에 노심초사하시는 김성훈, 설봉식 두 분 중앙대 명예교수님과 동료인 이정희, 김정인, 진현정 교수님께도 감사드린다. 그리고 기꺼이 출판을 맡아준 교우사 사장님과 직원 여러분께도 심심한 사의를 표한다.

묵묵히 내조해 주는 아내와 세 아이들에게 고마움을 전하며 두 번째 작은 기쁨을 함께 하고자 한다.

2010년 12월

예음골 서재에서

제3부 농업문명의 전환

I

기후환경 변화와 농업문명

01

인류문명과 농업문명의 태동

1. 기후환경과 인류문명의 발전

인류는 500만 년 전, 이 지구상에 출현한 이후 기후환경을 거스르거나 떠나서는 살 수 없었다. 인간이 지구환경의 복잡한 물리 화학 생물학적 생태적 변화에 의존하여 순응하면서도, 자연을 활용하고 개발하여 문명[1]을 일으킬 수 있었던 것은 다른 동물과 달리 지적 능력이 있었기 때문이었다. 도구와 불을 사용할 줄 알고 기술을 개발하며 문화를 일으킬 수 있는 능력이야 말로 인간 특유의 달란트였으며 신의 축복이었다.

인류의 지적 능력이 인류문명발달에 결정적인 역할을 했음은 두말할 필요가 없으나, 그러한 인류의 지적 능력에도 불구하고 인류문명의 발달에 결

1) 문명(文明)은 고도로 발달한 인간의 문화와 사회를 말한다. 오늘날 주로 사용되는 문명(civilization)이란 낱말은 18세기쯤에 사용되기 시작한 어휘로서 유럽의 국가 형성과 관련되며, 특히 프랑스에서 식민지 개척 과정 중 유럽과 비유럽의 차별성 혹은 '문명'과 '야만'을 차별하기 위해 사용하기 시작했다. 문화(文化, culture)와 같은 의미로 쓰이는 경우가 많으나 19세기 이후에 특히 독일에서는 문화와 구별해서 쓰이는 경우가 많다. 인간의 독창적 정신의 소산을 문화라 부른다면 인간이 현실적 생활을 영위함으로써 행하는 합리화 수단을 문명이라고 부른다. 생산 기술과 생산의 여러 발달에 수반하여 생활을 위한 여러 수단이 개선된다. 그러한 물질 면에 한정된 인간 생활의 발전을 문명이라 한다(위키 백과사전).

정적인 영향을 미치는 요인은 역시 기후환경의 변화임은 자명하다. 태양 광선량의 변화, 태양 흑점 활동의 변화, 대형 화산 폭발, 해류 흐름의 변화 등 범지구적 요인은 물론 숲의 존재, 토지 이용형태, 강우량, 가뭄과 홍수 등 다양한 요인에 의해 결정되는 지구환경의 변화는 인간은 물론 지구상의 모든 생명체의 생존에 영향을 미친다.[2)]

또한 기후환경적인 여건은 인간이 어떤 방법으로 식량을 얻게 되고 어떤 삶을 영위할 것인지를 판단하게 되는 결정적인 요인이 된다. 예컨대 인간은 기후환경적 여건이 어떤 경우에도 쉽게 식량을 자연 상태에서 조달할 수 있었다면 굳이 농경을 시작하지 않았을지도 모른다. 농경양식 또한 인간이 처한 기후환경적 요인, 즉 수자원의 양, 토양조건, 숲과 초지의 여건 등에 따라 목축업과 유목, 또는 밭농사와 논농사, 재배작물의 종류 등이 결정되게 된다. 이는 결국 기후환경과 농업문명이 인간의 생존양식과 문화와 제도, 정주형태 등 인류문명의 모습을 결정짓게 된다는 의미이다.

인류문명의 형성에 영향을 미치는 또 하나의 결정적인 요인은 인간사회를 형성하는 공동체의 문화와 제도 등이다. 인간의 철학, 종교와 같은 정신세계 또한 인류문명 형성의 근간이 됨은 물론이다. 주어진 자원과 기후환경 여건하에서 인간들은 나름대로의 생존을 위한 제도와 사상과 철학을 정립하기 때문에 인간의 형이상학적인 가치체계에도 기후환경 요인이 영향을 미침은 물론이다. 인간의 정신세계와 자연은 상호 영향을 주고받으며 발전되기 때문이다.

그러한 상호작용은 시간과 공간, 역사를 매개로 문명을 발전시키게 된다.[3)] 기후환경이 변하면 생태계가 변하게 되고, 변화된 자연조건은 인간의 삶을

2) 정회성, 전환기의 환경과 문명, 지모, 2009, p.31
3) 정회성, 앞의 책, p.33

변화시키게 되며, 문명이 점차 발전하여 교통과 통신수단이 발달하게 되면 인간과 환경과의 상호작용을 점차 공간적으로 확대하게 된다.

그러나 200여 년 전 산업혁명에 의해 산업문명이 발달하게 되면, 기후환경이 아니라 오히려 인간이 환경에 영향을 미치거나 환경 변화의 주체가 되기도 한다. 그렇게 되면서 인류문명은 지구환경의 선순환 체계를 파괴하거나 변형시켜 생태계의 물질순환과정의 파괴를 초래하거나, 변형된 폐기물과 폐열을 배출함으로써 결국 생태계와 환경의 피폐화를 초래하게 되는 단계에까지 이르게 되었다.

2. 기후환경과 농업문명

약 1만 년 전 온난화가 시작되면서 그동안 풍부했던 조개, 어류, 대형 동물 등이 고갈되어 감에 따라 인류는 새로운 식량원을 확보해야 했고 이때부터 농업이 시작되었다고 보는 것이 일반적인 시각이다. 가축을 키우고 작물의 씨를 뿌리는 등 소위 농경생활이 시작되었다.

농업의 시작은 정착생활의 시작을 의미하며 이는 농경문화의 시작을 의미한다. 농경문화는 가축을 기르는 일에서부터 시작되었으며, 그 다음에 작물을 재배하기 시작하였다. 농업을 시작한 당시 그 지역의 자연조건이나 수자원 등에 의해서 농경의 형태가 결정되게 되었고 이에 따라서 농법도 지역에 따라 다양하게 발달하였다.

농업은 주로 서남아시아에서 태동하여 점차 다른 지역으로 확산되어간 것으로 추정되고 있다. 기원전 8천년 경에 서남아시아에서 시작된 작물생산은 동쪽과 서쪽으로 퍼져 나갔는데 기원전 6,500년 경에는 그리스 · 인도, 기원

전 6천년 경에는 이집트, 기원전 5,400년 경에는 중부 유럽, 기원전 5,200년 경에는 스페인 남부, 기원전 3,500년 경에는 영국으로 확산되었다.[4] 이는 서남아시아에서 시작된 농업문명이 유라시아로 확산되는 데는 약 5천년이라는 긴 세월이 소요되었음을 의미한다.

작물생산이 전파되었던 주요 경로는 서남아시아에서 유럽, 이집트와 북아프리카, 에티오피아, 중앙아시아, 인더스강 유역으로, 사헬지대와 서아프리카에서 동남아프리카로, 중국에서 열대 동남아시아, 필리핀, 인도네시아, 한국, 일본으로, 중앙아메리카에서 북아메리카로 전파되었다.[5] 그 중에서도 건조지대[6]를 중심으로 관개농업이 발달하였고 이를 기반으로 하여 고대문명이 꽃을 피우게 된다. 메소포타미아, 인더스강 유역, 황하, 이집트, 그리스 · 로마 등이 모두 건조지대였으며 고대문명의 발상지가 되었다.

이러한 농업문명은 인류문명에 결정적인 영향을 미치게 된다. 일반적으로 농업문명은 인류를 한곳에 정착하게 하였고 이는 도시를 형성하게 하였다. 원시적이기는 하나 농업기술의 점진적 발전으로 기원전 6천년 경부터는 잉여생산물이 발생되기 시작하였다. 잉여농산물이 발생했다는 것은 모든 사람들이 농경활동을 하지 않아도 기초적인 식량문제가 해결된다는 의미가 있

4) Jared Diamond, Gun, Gurms, and Steel, 김진준 옮김, 『총, 균, 쇠 : 무기 · 병균 · 금속은 인류문명을 어떻게 바꿨는가』, 문학사상, 1998, p.267

5) 정회성, 앞의 책, p.88

6) 건조지대(arid zone)는 인공관개로 영농이 가능한 연평균 강수량 250mm 이하이며 증발량이 강우량보다 많은 지대를 말함.

다. 농업생산에 직접 참가하지 않는 사제, 행정가, 교육가 등의 계층이 생기기 시작하였다. 이러한 특수계층에 의하여 문자, 도구, 달력, 수학, 과학, 철학 등이 싹트기 시작했으며 이는 인류 문명사에 커다란 발자취를 남길 수 있게 되었다. 인간의 기본적인 생리 욕구가 채워져야 그 다음 단계로 발전해 나아갈 수 있게 된다는 매슬로우의 주장[7]이 의미가 있음을 알게 된다. 다시 말하면 인류생존에 필요한 최소한의 먹을거리 문제가 해결되지 않고서는 찬란한 문화나 문명의 꽃을 피우기란 어렵다는 의미이기도 하다.

결국 인류는 농경을 시작하면서 문명을 싹틔우기 시작했다. 그것은 인간 본연의 잠재력과 창의력이 발현되는 계기가 되었음을 의미한다. 농경이나 목축으로 협업과 분업의 필요성을 깨달아 공동 조직체를 형성하고 조직 구성원 상호간 소속감이 확대되었다. 또한 농경으로 인류에게 시간관념이 도입되기 시작하였다. 농경생활의 시작과 함께 과거에 씨앗을 뿌렸고, 지금은 농작물을 가꾸고 있으며, 미래에는 농작물을 수확할 것이라는 시간에 대한 개념이 싹트기 시작했다. 이러한 시간관념의 도입으로 현재 이외 시기의 상황을 묘사할 필요성을 느끼게 되었고 이러한 필요성을 충족하기 위하여 언어와 문자를 만들게 되었다.

이와 같이 농업문명은 단순히 다양한 농경활동을 통해 먹을거리만을 생산하는 것이 아니라, 인류문명의 전 영역에 영향을 미쳤음을 알 수 있다. 적어도 18세기 산업혁명이 일어나기 전까지는 산업이 바로 농업이었고 농업문명이 인류의 삶이였고 문화였기 때문이다.

---

7) 매슬로우(Maslow)의 욕구 5단계설에 의하면 인간의 내재적 필요에 의해서 욕구층이 5가지로 나누어지며 이는 개인적인 중요성에 의해 표출된다고 하였다. ① 생리적 욕구(생명을 유지하기 위해 최소한으로 필요한 음식 · 물 · 수면 · 산소 그리고 배설 등의 욕구) ② 안정과 안전의 욕구(신체의 안전과 동시에 심리적으로 협박당하거나 사회적으로 협박당하는 것을 피하려는 욕구) ③ 사회적 욕구(좋아하고 사랑하고자 하는 욕구와 사랑 받고자 하는 욕구, 집단과 그 집단의 일원이 되고자 하는 욕구) ④ 인정 · 자존의 욕구(사람들로부터 인정받고 존경받고자 하는 욕구 또한 자기자신을 존경하고자 하는 욕구) ⑤ 자기실현의 욕구(자신이 마음먹은 대로 자신을 실현하고자 하는 욕구, 즉 자신의 가치관을 충실히 실현시키려는 욕구)

3. 고대문명의 몰락

그러나 또다른 측면에서 농업은 기본적으로 자연 상태의 생태계를 있는 그대로 내버려두는 것이 아니라 인간의 필요에 의해 작물을 재배하고 가축을 사육하기 위해 자연환경을 개간할 수밖에 없었다. 농업은 결국 환경에 부담을 주게 되었고, 인구가 늘어나고 도시화가 진전될수록 확대되기 시작하였다.

건조지역의 큰 강 유역에서 발달한 고대문명은 관개 · 치수법을 개발하면서 급속하게 농업은 발전하기 시작했고 이와 함께 발달한 도시라는 주거양식은 환경변화에 적응할 수 있는 유연성을 감소시켜 기후 변화에 취약한 구조를 만들었다.[8)] 메소포타미아 문명, 인더스 문명, 황하 문명 등이 과잉개발에 의한 산림훼손과 토지 생산력 감소로 멸망의 길을 걸었다.[9)] 그러나 수자원이 풍부하였던 중국의 황화 문명이나 이집트 문명은 오리엔트 지역의 문명보다 오래 지속되었다. 결국 이집트 문명도 기원전 2,000년 경 기후변화에 의해 나일강의 수위가 낮아지면서 멸망의 길을 걷게 되었다. 그 이후에 등장하여 꽃을 피웠던 그리스, 로마, 마야 문명도 전성기에 주변의 산림 등 자연환경을 과도하게 개발하여 기후 및 환경의 영향에 적응력을 상실하면서 결국 멸망하고 말았다.

이러한 고대문명이 몰락한 이후 세계는 지중해와 유럽 대륙을 중심으로 하는 세력과 중동 및 서남아시아를 중심으로 하는 세력 그리고 중국을 중심으로 하는 동아시아 세력으로 나뉘어 발달하게 되었다. 동양과 서양의 제국들은 비단길[10)]을 통하여 상호 교역을 함으로써 기술과 문명의 급속한 발전을 이룩하게 되었다. 뿐만 아니라 정주 생활과 가축 사육 과정에서 발생하는 각종 질병들도 전쟁과 교역으로 타지역에까지 전파되면서 이러한 질병에 면역성을 미처 갖추지 못한 민족들에게는 막대한 피해를 주었다.

---

8) Brian Fagen, The Long Summer : How Climate Changed Civilization, Basic Books, 2004, pp.274-276, 정회성, 앞의 책 p.95

9) Ponting, Clive.1991. A Green History of the World : The Environment and the Collapse of Great Civilizations, New York : Penguin Books. pp.68-75

10) 비단길(Silk Road)은 육상, 또는 해상을 통한 근대 이전의 동서 교역로를 가리키는 말. 하지만 여기에서 동(東), 서(西)라 함은 중국과 유럽을 뜻하는 경우가 많음. 이는 비단길이라는 언어의 기원 자체가 중국의 비단이 로마 제국으로 흘러가는 것을 의미했기 때문임. 하지만 비단길은 역사를 통해서 더 다양한 교역품들을 전달하는 통로로 확대되었고, 더 나아가 문화가 유통되는 통로이기 함(위키 백과사전).

4. 유럽문명의 세계화와 농업문명

기원후A.D. 900년 경에 시작되어 약 5세기 동안 지속된 중세 온난기에는 유럽의 많은 민족들이 알프스를 넘어 대륙의 북부지역까지 농토를 확대 개간할 수 있게 되었다. 광범위한 개간으로 유럽의 숲과 농업은 대거 파괴되었다. 그런데 유럽지역에 14세기 들어 시작된 소빙기Little Ice Age의 한랭한 기후와 들쭉날쭉한 기후조건으로 유럽 전지역은 위기를 맞게 된다. 거기에다가 한랭한 기후로 인한 연이은 흉작으로 심각한 기근상태에 빠진 유럽은 엎친 데 덮친 격으로 페스트가 창궐하면서 철저하게 파괴되고 붕괴되었다.

페스트로 인해 경제 · 사회 전체가 피폐해진 유럽 국가들은 농업부문을 포함하여 모든 산업부문에서 새로운 변화를 모색해야 했고 그 출구로서 대외 식민지 개척에 적극 나서기 시작했는데 그때가 15세기였다. 적극적인 대외 진출로 유럽 국가들은 식민지도 개척하였지만 동시에 새로운 대륙을 발견하기도 하면서 자국의 피폐해진 경제재건에 나섰다.

이들 유럽 국가들은 아프리카와 아시아 대륙은 물론 아메리카 대륙까지도 점령함으로써 유럽의 농업문명은 실실적으로 세계를 식권하기에 이른다. 유럽인들은 세계의 식민지로부터 원주민들의 저렴한 노동력으로 면화, 사탕수수 등의 작물을 재배하는 집단농장을 경영하게 되었다. 원주민들의 일부는 노예로 전락하였고 이들을 이용한 대규모 개간과 사탕수수 재배는 자연환경에 치명적이었다. 사탕수수 재배와 설탕을 제조하는 과정에서 식민지의 광대한 숲이 벌목되었기 때문이다.

당시 유럽국가 중에서도 스페인과 포르투갈이 선봉에 섰고 네덜란드, 프랑스, 영국 등이 뒤를 따랐다. 이들 국가들에 의해 유럽제국은 세계로 진출하게 되었으며 수탈과 착취에 의한 부의 축적은 산업혁명의 원동력이 됨은 물론, 인류역사 및 문명에 지대한 영향을 미치게 되었다. 그것은 유럽국가들 중심으로 세계의 지배구조가 형성되었음을 의미한다. 동시에 유럽문명이 식민지를 비롯한 피지배국의 경제, 문화, 환경 등 모든 면에 걸쳐서 막대한 타격을 주게 되었고 자원과 환경파괴의 주요 원인이 되었다.

이렇듯 유럽인들은 식민지의 철저한 파괴와 착취를 기반으로 기아와 빈곤에서 탈피하게 되었고 경제가 성장하게 된다. 이러한 유럽 국가들의 경제성장은 필연적으로 식생활의 변화를 가져오게 되어 지금까지의 곡류소비 위주에서 육류소비로 전환하게 되었다. 이는 당연히 식민지에 보급한 목축업 때문이었다. 유럽인들의 육식문화는 이렇게 하여 태동되었으며 육식문화의 확대는 산림파괴는 물론 곡물 및 수자원의 수요량을 증대시켜 지구환경과 인류의 식량문제를 더욱 어렵게 하였다. 쇠고기 1톤을 생산하기 위해서는 16~21톤의 곡류와 콩이 필요하고 돼지고기 1톤을 생산하기 위해서는 6~8톤, 닭고기 1톤 생산을 위해서는 3톤의 곡물이 필요하기 때문이다.[11)]

유럽의 열강들이 세계를 휩쓸어 유럽문명이 전세계에 맹위를 떨치기 이전까지는 세계의 곳곳은 나름대로의 지역 특성에 맞는 토양조건과 작부체계와 토양 및 자연환경의 비옥도를 가지고 있었다. 그러나 유럽인들이 들어와 자국의 필요에 의해 설탕, 담배, 면화, 차, 커피, 고무, 코코아, 야자유 등 식량과 공업용 작물을 대량으로 재배하게 되면서 토양의 비옥도가 떨어지고 작물의 다양성이 감소하면서 병충해가 만연하게 되었다. 결국 식민지의 농업은 서서히 자취를 감추게 되고 주민들의 식량난은 가중되기 시작했으며 점점 더 기아와 빈곤의 늪에서 빠져나오기 어렵게 되었다.[12)]

---

11) 정회성, 앞의 책, p.127
12) 정회성, 앞의 책, p.127

5. 산업혁명과 농업문명

1760년대 영국에서 시작된 산업혁명은 1만여 년의 인류 역사상 가장 획기적인 사건이었으며 정치, 경제, 사회, 문화 전반에 미친 혁명이었다. 인류의 등장 이후 줄곧 대표적 산업이었던 전통적인 농업중심 경제에서 대량생산을 기반으로 하는 공업경제로 이행하는 결정적인 계기가 되었고 인류문명의 일대 전환점이 되었다. 공업경제로의 전환은 사람들을 전통적인 농업 부문에서 교역으로부터 기계화된 공업부문으로 옮기게 하였고 이는 결국 시장의 발전을 초래하게 되었다. 농업중심사회의 자족적 구조에서 공업중심사회의 시장중심 체제로의 대전환을 의미하게 되었다.

산업혁명은 공업재 원료에 대한 수요를 폭증시키게 되고 이는 결국 산업화된 선진국간의 식민지 쟁탈전으로 이어졌다. 유럽에서 시작된 새로운 산업은 면, 모, 석탄, 광석 등 1차 원료없이는 불가능하였기 때문에 식민지로부터 조달하고자 했다. 기계화 덕분에 각종 공산품이 단기간에 대량으로 생산되자 소비지 시장 확보도 치열하게 되어 식민지 쟁탈전의 또 하나의 원인이 되었다. 이렇게 유럽제국은 1870년부터 1914년까지 50여년 만에 아프리카 대륙과, 아시아 대륙은 물론 남미제국의 수많은 나라들을 식민지화하기에 이르렀다.

산업혁명으로 촉발된 선진국들의 식민지 확보와 이들 식민지와의 자유무역 확대의 필요성이 제기되는 등 새로운 사회, 경제 질서의 구축과 정당화를 위해 새로운 학문이 출현하였으니 바로 경제학이었다. 당시 아담 스미스Adam Smith의 국부론[13]은 공리주의적인 철학에 바탕을 둔 경제학 이론의 효시로서

---

13) 국부론(The Wealth of Nations / An Inquiry into the Nature and Causes of the Wealth of

산업혁명 18세기 중엽 영국에서 시작된 기술혁신과 이에 수반하여 일어난 사회 · 경제 구조의 변혁

물질적인 풍요에 대한 인간의 도덕관과 물질관에 큰 변화를 가져오는 계기가 되었다. 이제 개인들은 자기 자신의 경제적 이익을 위하여 행동하기만 하면 그것이 바로 사회 전체의 후생을 극대화하는 것이 된다는 논리로, 자신의 행위가 사회전반에 미치는 파급효과에 대해서는 고민할 필요가 없어졌다. 시장 가능의 중요성이 강조되고 개인주의가 팽배하게 되는 계기가 되었다.

아담 스미스 이후 리카도David Ricardo, 밀John S. Mill 등의 경제학자들에 의해 발전된 고전학파 경제학은 자본주의 경제와 자유무역을 기반으로 하는 산업사회의 발전을 이론적으로 뒷받침하였다. 또한 선진국들의 식민지 개척과 자유무역을 정당화시켜주는 이론을 정립하였으니 비교 우위에 의한 자유무역 이론이었다. 자유무역을 하면 선진국이든 식민지국가든 양국 모두에 이익이 된다는 것이었다. 그러나 선진국과 식민지간의 자유무역이 식민지 국가들에게 아무런 이득이 없었음은 역사가 증명한다.

아무튼 18세기 이후 지난 수백년 동안 지구상에서 일어난 경제적, 사회적, 기술적, 문화적 변화의 중심에는 산업혁명이 있었음은 주지의 사실이다. 산업혁명은 산업문명이라는 선진국 중심의 완전히 새로운 인류문명을 창출

Nations)은 계몽주의 시대인 1776년 3월 9일에 영국의 경제학자 애덤 스미스(Adam Smith)의 주요 저작임.

한 획기적인 기술혁명이다. 이러한 산업혁명은 공장제 생산체계의 탄생, 공산품의 국제 교역의 확대 등을 초래하게 되어 인류 문명은 인류 역사상 겪어보지 못했던 총체적인 전환을 맞이하게 된다.

산업혁명은 수천년, 수만년 간 지속되어 오던 농업문명에도 결정적인 영향을 미쳐 획기적인 전환기를 맞이하게 하였으니 그것은 노퍽농법norfolk system이라는 새로운 농업기술의 개발이었다. 노퍽농법은 4단계 윤작체계로서 목장이 확대되고 육류 생산이 가능해 잉여 농산물을 소비자에게 공급할 수 있게 되었으나, 농토가 없는 상당수의 농민과 농촌거주자를 도시의 산업노동시장으로 내모는 결과를 초래했다. 윤작으로 농업노동력이 적게 소요되고 기계의 사용으로 남게 된 농촌 내부의 잉여노동력은 산업노동시장으로 빠져나가게 되었다.

산업혁명에 의한 농업부문의 변화는 우선 인조비료의 등장이었다. 인조비료는 초기에는 인광석을 이용한 과인산비료였으나 암모니아 합성법이 개발되면서 질소비료를 대량생산 보급이 가능하게 되었다. 이는 농업 생산성을 획기적으로 높이는 계기가 되었고, 동시에 농업부문의 산업화를 촉진하게 되었다. 그러나 인조비료의 도입은 농경지 부근의 하천과 호수와 바다의 부영양화, 인조비료에 잘 적응하는 작물로의 단순화, 농업부문에서의 빈부격차, 농촌인구의 과다 도시유입으로 인한 도시문제의 발생 등 환경 · 사회 · 경제적 문제를 야기하게 되었다.

또한 산업형명으로 기계화 영농이 시작되었고 농업의 기계화는 대규모 기업영농을 가능하게 하였다. 20세기에 들어서서는 석유를 이용한 트랙터가 미국과 소련에 등장하게 되었으며, 1950년대 이후에는 영국과 유럽의 농장에, 1970년대 이후에는 브라질 등에도 보급되기 시작하였다.

산업혁명은 또한 화학발명품에 힘입어 농약이 등장하게 되었다. 기계화에 의해 경영규모가 커지게 되자 병충해를 구제하기 위해서 농약을 사용하게 되었다. 농약의 사용으로 생산성은 증대되었지만 토양 및 자연환경을 오염시켰다. 특히 농약은 전쟁준비의 부산물이기도 하다. 석유화학산업이 발달하면서 화학합성물질이 개발되자 치열하게 제국주의 경쟁을 벌이던 선발 선진국들은 화학물질을 이용해 대량살상무기를 개발하고자 했다. 특히 1차 세계대전이 일어나자 염소를 함유한 합성유기화합물을 이용한 독가스전을 준비하기에 이르렀는데 독가스의 효과를 인체 대신 곤충에 이용하기도 했다. 전쟁이 끝나고 다량으로 남은 전쟁용 독가스가 살충제에 응용되기도 했다. 살충제, 살균제, 제초제 같은 농약들이 이 시대에 대량 사용되기 시작했다.

이와 같이 산업혁명 이후 발달한 과학기술이 농업부문에 응용되면서 농업기계화, 화학화가 이루어지게 되었고 이를 근간으로 소위 녹색혁명이 일어나는 계기가 되었다.[14] 녹색혁명은 농산물 생산성의 획기적인 증가를 초래하게 되어 생산량을 증대시켰으나 병충해에 취약해 다량의 농약과 화학비료가 투입되어야 했다.

지금까지 노동력에만 의존하던 소규모 농업이 기계, 농약, 비료 등 자본의 투입 없이는 이루어질 수 없는 산업으로 전환하게 되었으니 산업혁명의 영향은 가히 혁명적이었다.[15] 따라서 자본력이 없는 개도국이나 제3세계 국가들은 농업의 생산력에서 선진국의 농업과 경쟁이 되지 않게 되었으며 농촌 인구의 도시유입을 가속시키는 사회적 효과도 컸다.

특히 화학비료의 사용은 1950년대 이후 작물의 선정, 즉 작부체계에도 영향을 주었다. 화학비료의 사용으로 화학비료에 잘 반응하는 옥수수 등과 같은 작물은 널리 보급된 반면 그렇지 못한 작물은 사라져 감으로써 작물의 다

14) Clive Ponting, A Green History of the World : The Environment and the Collapse of Great Civilizations, New York : Penguin Books, 1991, pp.250-252
15) 정회성, 앞의 책, pp.173-174

양성이 크게 감소하였다. 산업혁명 이전에 인류는 3천여 종의 식량자원을 활용하였었으나 이제는 40여 종의 동물과 100여 종의 식물만이 생산지역이 확대되고 있을 뿐이다. 21세기 현재 곡물의 3분의 2는 쌀, 밀, 옥수수 등 3가지 작물에 불과하다.[16)]

그런데 심각한 문제는 대부분의 화학비료와 농약은 작물에 의해 흡수되지 못하고 수질오염의 원인이 된다는 사실이다. 대체로 투입된 화학비료의 절반 이상이 농경지 부근의 하천, 호소, 바다의 부영양화를 일으키는 원인 물질이 되는 것으로 알려져 있다. 그리고 화학비료는 작물의 질병내성을 감소시켜서 농약을 과도하게 사용하게 하는 부작용이 수반된다.

더욱 심각한 것은 지구상의 경작 가능한 토지가 토양침식으로 매년 0.3~0.5%씩 파괴되고 있다는 점이다. 범세계적인 토양침식은 1945년 이후 세계화가 진행되면서 농업생산양식이 비환경친화적으로 바뀐 것과도 관련된다. 이는 세계 시장을 겨냥한 농업선진제국의 대규모 영농을 지원하기 위한 농업의 기계화와 화학화가 초래한 결과이다. 즉, 커피, 오렌지, 바나나, 육우 등의 사육을 위한 열대우림과 저습지의 개발이 그 주요인으로 지적되고 있다.

결국 18세기 산업혁명으로 촉발된 현대의 농업문명은 생산성 증대에 의한 식량문제 해결이라는 긍정적 측면도 있지만, 고투입 · 고에너지 농업으로의 전환으로 지구환경의 오염과 자연파괴를 초래하였고 결국 21세기 인류문명 전체의 위협으로 다가오게 되었다.

16) 정회성, 앞의 책, p.174

02

위기의 21세기 지구환경

1. 온난화, 기온상승

산업혁명으로 촉발된 현대 농업문명은 기계화, 고투입에너지화, 화학화 등으로 대변되는 것으로, 이는 지구환경오염과 자연의 훼손을 가속화시켰음은 주지의 사실이다. 이와 함께 21세기 지구환경을 점차 파국으로 몰고 가는 또 하나의 거대한 요인이 등장하였으니 이는 지구온난화이다.

21세기 지구환경의 특징은 온난화로 대표되는 온실효과라 할 수 있다. 온실효과는 원래 대기중의 이산화탄소 증가로 인해 기온이 상승하는 효과를 말한다. 대기권에 존재하는 온실가스는 수증기H2O : 약 1%, 이산화탄소CO_2 : 380ppmv[17], 메탄CH_4 : 1.8ppmv, 일산화질소N_2O : 0.3ppmv, 오존O_3 : 0~ 0.7 ppmv 등이다. 여기서 이들 기체 중 온실효과에 대한 기여도는 수증기가 약 60%, 이산화탄소가 약 25%, 그리고 메탄이 약 7%로 알려져 있다. 이외에도 여러 플루오르불소 화합물 기체가 비록 농도는 낮지만 온실효과의 원인이 된다. 이들 기체가 대기 중에 존재하지 않으면, 지구는 복사 냉각에 의해 지금보다 평균 온도가 대략

17) ppmv는 부피 백만분율을 나타낸다.

온난화 문제가 점차 심각해짐에 따라 해수면 상승과 빙하 붕괴현상 등 많은 문제가 발생되고 있다. 피지 북쪽 9개의 산호섬으로 구성된 투발루. 매년 5.6mm씩 해수면이 상승하며, 수십년 후 바다 속으로 사라질 첫 번째 나라가 될 것으로 예상된다.

3.3℃ 낮아지는 것으로 알려져 있다. 따라서 온실가스는 지구를 따뜻하게 유지해주는 역할을 한다. 대기 중에 온실가스가 없으면, 밤과 낮의 온도 차이가 너무 커서 현재 존재하는 지구의 생물체 중 많은 수가 생존하기 어려워질 것이다. 그러나 온실가스가 적정량을 넘어 과다배출되면 지구온난화를 초래하여 빙하가 녹아 해수면이 상승하고 생태계가 변하며 각종 기후 이변을 가져오게 된다.[18)]

온실가스 중 이산화탄소가 산업혁명 이전까지 수천년 동안은 260~280ppmv로 거의 일정 수준을 유지하여 왔으나 산업혁명 이후 석탄, 석유와 같은 화석연료 사용이 급격하게 증대되면서 배출이 크게 증가되었다.

이에 반하여 농업용지의 확충, 각종 산업용지의 확보, 목재 및 종이 사용의 증가는 이산화탄소를 흡수하던 삼림자원의 감소를 초래하였고, 특히 열대우림의 벌채는 지구의 이산화탄소 흡수 능력을 크게 감소시켰다. 이는 이산화탄소의 배출과 흡수의 수지 균형을 깨어지게 했고, 대기 중 이산화탄소의 농도는 산업혁명 이전인 1750년에 비해 35% 이상 증가하게 되었다. 이와 같은 증가 추세는 중국 등 저개발 국가의 산업화가 가속화된 21세기 들어 더욱 두드러지고 있다.[19)]

18) http://navercast.naver.com/science/chemistry/1635
19) 기후변화에 관한 정부간 협의체(Intergovernmental Panel on Climate Change : IPCC)

국제에너지기구IEA는 '세계에너지전망 WEO : World Energy Outlook 2009' 보고서에서 에너지 연소로 인한 온실가스 배출량은 2007년 28.8기가톤Gt, 1Gt=10억t에서 2020년 34.5Gt, 2030년 40.2Gt으로 계속 증가할 것으로 전망했다. 이는 전세계적으로 온실가스 배출량이 2005년 대비 2020년 27.3%, 2030년 48.3%로 큰 폭으로 증가함을 의미한다. 특히 2007~2030년 간 증가량 11Gt 중 중국이 6Gt, 인도 2Gt, 중동 1Gt으로, 배출량 증가의 상당 부분을 이들 국가들이 차지할 것으로 관측했다.

빙하 붕괴현상으로 빙하가 점차 녹아들면서 사라지고 있다.

미국NASA이 지구기온 변화추이를 분석한 결과에 의하면 지난 30년간 지구의 기온은 10년 단위로 약 0.2℃ 상승했으며, 1980년 이후 전체 기온은 0.8℃ 상승한 것으로 나타났다.

각국의 기온상승실태와 전망을 보면 영국의 경우 1960년 이후 45년 만에 1.0℃ 상승하였으며, 2060년까지 약 4℃ 상승할 것으로 예측하고 있다영국 기상청, 2006. 호주의 평균기온은 1950년보다 0.9℃ 상승하였으며, 2070년에는 1~5℃ 상승할 것으로 전망된다CSIRO&BOM, 2007. 일본은 1898년 이후 100년에 걸쳐 약 1.1℃ 상승하고 있으며, 21세기 말까지 세계평균 예측치보다 0.3~0.6℃를 상회할 것으로 예측되고 있다일본 기상청, 2009. 한국은 1904년 이후 약 100년간 평균기온이 1.5℃ 상승하여 세계평균기온 상승폭 0.74±0.18℃보다 높은 것으로 나타났다. 또 과거 30년1971~2000년 평균치 대비 2020년의 평균기온은 1.5℃, 2050년에는 3.0℃, 2080년에는 5.0℃ 상승할 것으로 예측하고 있다국립기상연구소, 2006.[20]

IPCC 제4차보고서2007에 의하면 기온 상승폭이 1℃ 미만인 경우 일부지역에서 물 부족 및 홍수 등과 같은 자연재해가 발생할 수 있으며, 2~3℃까지 상승하는 경우 대부분 지역에서 피해가 발생하고 동식물종의 20~30%가 멸종위기에 처하게 될 것이라고 경고하고 있다. 지구의 온도가 4°C 가량 오르면 전세계 생물의 약40% 이상이 멸종위기에 처하고 전세계 수억 명이 물 부족 상태에 직면하게 된다고 동보고서는 지적하고 있다.

유엔 기후변화에 관한 정부간 협의체IPCC는 국제사회가 만약 세계 GDP의 0.2%를 비용으로 투자할 경우 온실가스 농도는 590~710ppm 수준이 될 것으로 보았고, 이럴 때 전세계의 기온은 산업혁명 이전에 비해 최대 4% 상승할 것으로 예측하였다. 전세계가 GDP의 약 3%를 투자하더라도 2030년 380ppm보다 15~40% 정도 상승한 445~535ppm 수준으로 낮출 수 있을 것으로 전망되며 그렇다 하더라도 지구의 평균기온은 산업혁명 이전 대비 2~2.24°C 상승한 수준이 될 것으로 판단하고 있다. 따라서 지구환경의 재앙을 피하기 위해서는 전세계 GDP의 최소한 5% 이상 투자해야 할 것으로 보인다.

20) 김창길, 정학균, 장정경, 기후변화와 농업부문 대응 전략, 농업전망2010, 2010, pp.139~141

2. 생물다양성(biodiversity) 축소

21세기 지구환경의 두 번째 특징은 생물다양성의 축소현상이다. 생물다양성은 동물과 식물, 균, 바이러스, 원핵생물계 등 지구상에서 찾아볼 수 있는 모든 생물종의 다양성species diversity과 유전자의 다양성gene diversity, 그리고 사막, 숲, 습지, 초지, 강, 해, 농경지 등 생태계의 다양성ecological diversity을 말한다.

지구상에는 약 200만 종에 이르는 생물종이 있는데 해마다 26,000종이 멸종하며, 매 20분마다 한 종씩 사라지는 것으로 알려져 있다. 해마다 1,300만 헥타르의 숲이 사라지고 있다. 사실 생물이 사라지는 것은 자연스러운 진화의 일부분일수도 있다. 그러나 현재의 멸종속도는 기본적인 속도보다 100~1,000배 빠른 것으로 추산된다.

생물다양성을 위협하는 요인으로는 서식지 파괴와 과잉개발, 오염 등을 들 수 있다. 도로와 주택 등 기반시설 건설, 비친환경적 농작물 재배, 물고기 남획, 산업시설 오염물 배출 등 인간의 경제활동이 크게 영향을 미치고 있다. 수십 년간 자행된 무분별한 밀렵으로 남중국호랑이[21]는 현재 중국 내 18개 동물원에 47마리가 생존해 있지만 야생에선 거의 발견되지 않고 있다. 과학자들은 남중국호랑이가 사실상 멸종했다고 추정한다. 세계야생생물기금WWF 조사 결과 현재 전세계에 남아 있는 야생 호랑이는 약 3,200마리, 아무르시베리아와 벵갈, 인도차이니즈, 말라얀, 수마트라의 5개 아종亞種·종의 하위 구분뿐이다.

---

21) 남중국호랑이는 중국 양쯔 강 이남에 분포하는 호랑이의 아종. 전체길이 2.4m 정도이고 붉은색이 강하며, 넓은 무늬가 있음. 주로 멧돼지나 사슴, 원숭이나 너구리 등 중형 포유동물이나 새들을 잡아먹고 살며 강의 습지대나 대나무 숲에 서식한다고 함. 원래 1960년대만 해도 중국 대부분(중원지역)에 많은 수가 서식하였으나 중국정부가 해로운 동물로 여겨 마구 포획하여 지금은 야생에서는 생존이 확인되어 있지 않음.

남중국 호랑이

탄자니아의 키한시 두꺼비

야생 호랑이는 100년 전에 비해 95%나 줄었고, 서식지는 10년 전의 40%도 안 된다. 지난 세기에만 발리와 자바 카스피안 호랑이 등 3개 아종이 멸종했다.

'난쟁이 두꺼비'라 불리는 탄자니아의 키한시 두꺼비도 결국 야생에서 멸종됐다. 키한시강 상류에 댐이 건설되면서 이 두꺼비가 살던 키한시협곡 주변으로 유입되던 물의 90%가 막혔고, 초목이 달라지고 곰팡이병이 생겼다. 댐 건설 전 키한시 협곡 주변엔 키한시 두꺼비 17,000여 마리가 서식했지만 끝내 멸종의 운명을 피하지 못했다.

파키스탄과 인도에 서식하는 인도 독수리[22]는 농가에서 쓰는 약물 탓에 개제수의 99%가 사멸해 멸종 위급 상황이며, 서인도제도에 사는 안티구안 뱀[23]도 1930년대 이래 멸종과 회생 사이에서 위태로운 외줄타기를 이어가고

---

22) 인도 독수리(학명 : *Gyps indicus*)는 거칠고 지저분한 청소부라 불리우며 파키스탄 남동부와 인도의 번화가 및 도시 근처 경작지와 산림 지역에 분포하고 있음. 인도 독수리는 1990년대 후반부터 심각하게 쇠퇴하기 시작했고, 개체수의 99% 정도를 잃었음. 세계자연보전연맹(IUCN)의 레드 리스트(Red List of Threatened Species)에서 가장 절명 위험도가 높다는 '절멸 직전종(Critically Endangered : CR)'에 올랐을 정도로 사라질 위험이 있음.

23) 안티구안 뱀(학명 : *Alsophis antiguae*)은 동 카리브의 안티쿠아(Antigua)에서 풍부하게 서식하던 이 종은 몽구스에게 잡아 먹혔고, 1800년 후반에는 상탕수수 농장에서 들쥐를 잡기위한 용도로 안티구안 뱀이 쓰이는 등 잘못된 시도가 행해 짐. 그 결과 무해한 이 뱀은 1936년에 멸종하였다고 선언되기도 하였으나 아직까지는 존재하는 것으로 판단하여 세계자연보전연맹(IUCN)은 레드 리스트(Red List of Threatened Species)에서 가장 절명 위험도가 높다는 '절멸 직전종(Critically Endangered : CR)'에 올라 있음.

인도 독수리

있다. 판다[24]는 중국 남서부 숲에 2,500마리도 채 안 남았고, 코뿔소는 인도 북부와 남아시아 지역의 열대 아열대 풀밭에 약 2,400마리가 가까스로 살아 있을 뿐이다. 유네스코UNESCO는 알려진 모든 생물 종의 개체수와 서식지가 지난 30년 동안 평균 40% 감소했다고 밝히고 있다.

이와 같이 지난 200년 동안의 거대한 인구팽창과 경제활동은 인류와 지구가 공유해야 할 수많은 생물종들을 희생시켰다. 200여 명의 과학자들이 수년간 공들여 수행한 지구 전체의 생태계 현황에 관한 포괄적인 연구인 밀레니엄 생태계평가Millennium Ecosystem Assessment : MEA 보고서는 세계 95개국 과학자 1,360명의 연구 내용에 근거해 작성한 환경 보고서로 지난 2005년에 발표되었다. 보고서에 의하면 최근 50년간 지구 생태계에서 일어난 변화는 인류 역사상 그 어느 시기보다도 속도가 빠르고 정도가 심각하다고 지적하고 있다. 이로 인해 기상 변화, 새로운 질병 출현, 동 · 식물 멸종, 삼림 훼손, 수질 오염 등이 초래될 수 있다고 경고했다. 또한 생명체의 기반이 되는 생태계의 약 60%가 오염되거나 자원이 과잉개발되었다고 지적하고 있다.

예를 들어 1945년 이후 개간된 토지는 18~19세기에 농경지로 개간된 토

---

24) 판다(panda)는 한때 중국과 미얀마의 비교적 넓은 지역에 분포하기도 했지만, 숲의 서식처가 파괴되어 현재는 중국 중서부 쓰촨성〔四川省〕에서 멀리 떨어진 산악지대에 있는 좁은 대나무숲에만 서식하고 있을 뿐임. 자이언트팬더는 멸종위기종으로 구분되어 있으며, 야생상태에 약 1,000마리 이하가 남아 있는 한편 중국이나 다른 나라의 동물원에서 100마리 정도가 보호받고 있음. 자이언트팬더가 살고 있는 야생지역은 중국정부에 의해서 자연보호구로 지정되어 있음.

안티구안 뱀(UNEP 홈피)

지를 모두 합친 것보다 더 넓다. 지구 표면의 24%가 인간에 의해 개척됐으며, 지구상에 흐르는 물의 40~50%가 인간에 의해 남용되고 있다. 중국의 황하, 아프리카의 나일강, 북미의 콜로라도강은 지류가 말라붙었고, 참치 · 황새치 · 상어 등은 전체의 90%가 감소했다. 동 · 식물은 10~30%가 멸종 위기에 놓여 있다. 이 같은 환경 파괴는 대체로 음식 · 물 · 연료 · 목재 등을 얻으려는 인간의 경제활동에 의해 일어나지만 장기적으로는 인간이 성장시킨 경제 그 자체에도 큰 타격을 입힌다. 1992년 캐나다 뉴펀들랜드 지방에서는 남획으로 대구가 사라지는 바람에 수만명이 일자리를 잃는 등 약 20억 달러의 경제적 손실을 입기도 했다.

농작물 생산을 위해 투입된 과잉비료로 인해 토양에 축적된 질소는 바다로 흘러들어가 조류藻類를 급증시키고, 결국 이 때문에 연안에 산소가 고갈되어 물고기가 사라지는 '데드존dead zone'[25]이 형성된다. 캐나다의 한 습지는 그

25) 데드존(Dead Zone)은 산소가 부족한 바다를 지칭한다. 그것은 1970년대에 해양학자들이 그것을 발표한 이후 계속 확장되었다. 또한 그것은 해양생물들이 밀집한 해안가에 발생한다.(바다 한 가운데는 일반적으로 데드존이 발생하지 않는다.) 데드존은 큰 호수에서도 발견되는 현상이다. 데드존은 부영양화로 인해 발생한다. 바닷물에 화학적인 영양성분이 지나치게 많아지면 해조류들이 급격히 번식하여서 녹조현상(Algal Bloom)이 발생하게 된다. 불어나 버린 녹조류들이 산소를 다 소모하고선 죽는다. 그렇게 되면 산소가 부족해져 데드존이 발생하는 것이다. 데드존은 부영양화뿐만 아니라 자연적인 요인에 의해서도 발생한다. 자연적 요인으로는 데드존이 피오르드 지형이나 흑해 같이 얕은 물이 오래 고여있는 곳에서 발생한다. 데드존은 1970년대 초반 미국 체사피크만, 발트 해, 카테갓 해협, 흑해, 북부 아드리아 해, 스칸디나비아 피요르드 지역의 바다에서도 관찰되었다. 이후 10년 주기로 발생해역이 2배로 증가하는 경향을 보이고 있다 (UNEP, 2004).

자체로 1ha2.47에이커당 6,000달러의 가치가 있지만, 농경지로 개간됐을 경우 2,000달러로 가치가 하락한다.

동보고서는 지난 40년 사이에 급격히 진행된 지구온난화가 100년 뒤에는 환경 훼손의 주요 원인이 될 것이라고 지적했다. 지구온난화로 인한 해안선 상승과 동·식물의 서식지 변화는 지금도 기존 생태계의 파괴에 영향을 미치는 주된 요인이다. 또한 지구온난화의 영향으로 아프리카 대형 호수들은 콜레라 확산의 온상이 됐다. 생태계 파괴는 말라리아와 콜레라의 발병 위험을 높이는 것은 물론, 신종 질병까지 예고한다고 보고서는 경고했다. 보고서는 또 "지난 50년간 지구 생태계에 일어난 변화는 인류 역사상 그 어느 시기보다도 속도가 빠르고 정도가 심각하다"고 지적하고 이로 인해, 기후변화, 새로운 질병 출현, 동·식물 멸종, 삼림 훼손, 수질 오염 등의 결과가 초래될 수 있다고 경고했다.

진화생물학자 에드워드 윌슨은 이러한 다방면의 공격, 즉 서식지 파괴habitat destruction, 외래종 침입invasive species, 환경오염pollution, 인구증가population increase, 남획overharvesting을 묘사하는 약어 HIPPO를 만들어 내기도 했다. 생물다양성 감소는 재앙을 낳으며, 당장 생태계 위기는 물론, 장기적으로 천연자원이 고갈되고 자연재해가 늘며 식량과 에너지 부족 문제까지 야기하여, 결국 인류의 생존을 위협하게 된다고 주장한다.

그래서 국제단체와 과학자들은 멸종 위기종을 보호하여 생물다양성을 유지하기 위해 많은 노력을 기울이고 있다. 야생생물기금World Wide Fund for Nature : WWF과 중국 정부는 380만 에이커의 숲을 판다의 서식지로 보호해왔다. 미국에선 자국의 모든 호랑이 몸 안에 신상정보를 담은 칩을 심으려는 시도도 논의되고 있다.

2006년 유엔 총회는 생물다양성의 지속적인 손실과 이로 인한 사회, 경제, 환경, 문화적 영향에 우려를 표하면서 2010년을 '세계생물다양성의 해'로 선포하였다. 생물다양성의 중요성에 대한 인식을 높이고, 생물 다양성의 손실속도를 멈추는 데 기여하며, 생물 다양성 보전 우수사례 공유하는 데 목적이 있다.

3. 오존층 고갈

21세기 지구환경의 세 번째 특징은 오존층 고갈이다. 대기의 성층권에는 다량의 오존이 존재하는 층이 있는데 이 층을 오존층[26]이라고 한다. 이 오존층에서는 지구상에 사는 생물들에게 치명적인 영향을 주며 강한 에너지를 가진 자외선의 대부분을 흡수하여 생태계를 보호하는 역할을 한다. 1970년 후반 이후 성층권 내 오존의 부피가 10년에 4%씩 줄어들어 오존층파괴 현상이 나타나고 있다. 특히 극지방의 경우 동기간 동안 오존의 감소가 더 크며 이를 오존홀ozone hole[27]이라 한다. 봄에는 극지방의 지표와 가까운 대류권에서도 오존층 파괴가 일어난다. 오존층 파괴에 가장 큰 영향을 미치는 것은 대기 중 염소와 브롬계 물질에 의한 오존층 파괴이다.

지구표면의 각막역할을 하는 오존층의 파괴는 석유 등 연료를 태우는 자동차와 공장에서 발생된 오염 물질로 인해서도 생기며 북극 기온 상승의 주요 원인이 된다. 성층권 내 할로겐 원소는 냉장고에 사용되는 냉매제, 헤어스

26) 오존층(ozone layer)은 지구 대기권내의 공기층으로 상대적으로 높은 함량의 오존을 포함한다. 이 층은 생명체에게 해로울 수 있는 단파 자외선을 97~99퍼센트 흡수한다. 지구 대기의 오존 가운데 90퍼센트 이상이 여기에 있다. 오존층은 프랑스 물리학자 찰스 패브리와 헨리 뷔슨에 의해 1953년 발견되었다. 영국 기상학자 G.M.B.답슨이 자세히 관측하였다(위키 백과사전).

27) 지상 20~25km에 있는 오존층이 주로 8월에서 10월 사이에 엷어져 구멍이 뚫린 것 같은 상태가 되는 현상. 남극 대륙 상공에서 가장 심하며 냉매제로 사용하는 프레온 가스가 주원인이라고 한다.

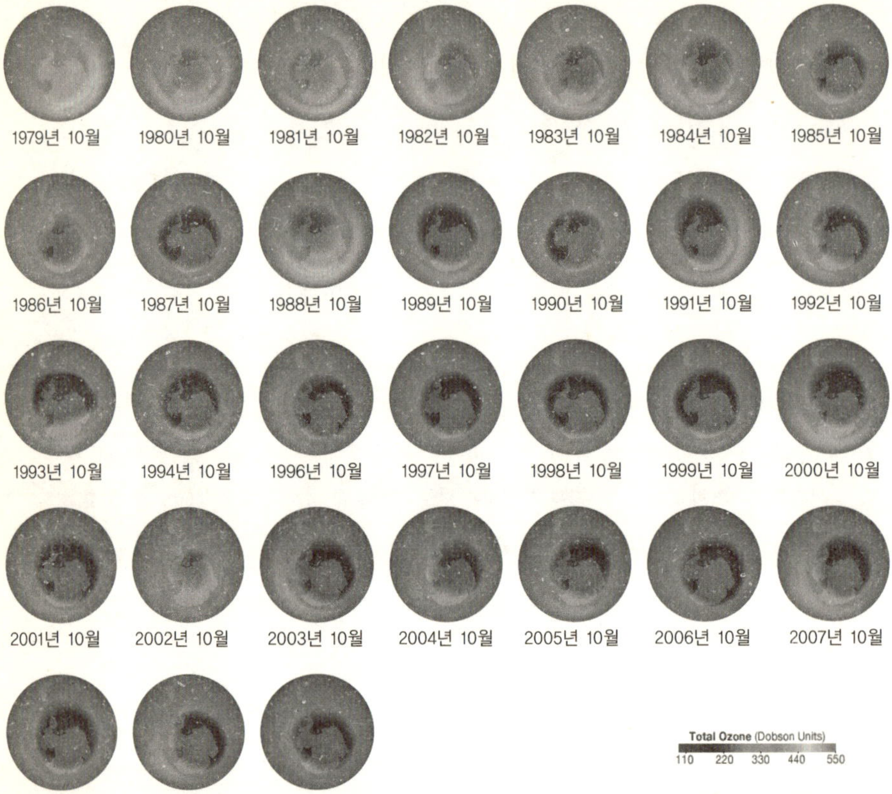

(출처 http://ozonewatch.gsfc.nasa.gov)

프레이 등에 널리 사용되고 있는 프레온으로 불리는 CFCchlorofluorocarbon와 할론으로 불리는 BFCbromofluorocarbon의 광해리[28] 작용에 의해 발생한다.

지난 80년대 초반에 극 지점 상의 오존층이 파괴되고 있다는 사실이 처음 보고되었고 그해 유럽 북극 성층권 오존실험대EASOE도 지구촌 모든 상공의 오존층이 매년 정상치보다 10~20% 얇아졌다고 발표했다.

오존층이 지구에 침투되면 먼저 생태계가 파괴되고, 지구를 파멸에 이르게 할 수도 있다. 지구는 온난화 현상으로 극 지점의 빙산이 녹고, 녹은 빙산

28) 광해리(photodissociation)는 전자 에너지 또는 광자 에너지 양자를 흡수하여 분자가 하나 또는 그 이상의 원자를 잃는 것.

의 물들이 대기권 상공에 기체로 증발되어 오존층 안에서 떠돌다가 기압의 이동으로 적정한 곳에 비로 쏟아져 홍수가 발생하기도 한다. 오존층 파괴는 동식물뿐만 아니라 해양투과층 내 플랑크톤의 군집 감소 등 생물학적으로 심각한 영향을 미칠 수 있다. 만약에 오존층이 없어진다면 많은 사람들이 피부암으로 사망하게 될 것이다.[29] 또한 열악해진 대기환경은 온난화 사이클을 부추겨 환경스트레스[30] 지수를 높임으로 인해 개체수가 줄어들게 하거나 생물 멸종의 원인이 될 수도 있다.

4. 사막화

21세기 지구환경의 네 번째 특징은 사막화이다. 인간의 무분별한 개발과 기후변화 등으로 지구의 사막화는 점점 확대되고 있다. 유엔은 전세계 100여 개 국가에서 사막화 현상이 진행되고 있으며 이로 인해 약 10억 명이 생존을 위협받고 있다고 경고한 바 있다. 사막화 현상은 건조한 지대에서 특히 심각하다. 지구의 1/3을 차지하는 건조지대[31]는 다른 지역보다 빠른 속도로 토양

---

29) 송혜영(아시아태평양생태환경연구소 소장), 재미있는 사회복지전문 인터넷신문 희망뉴스(www.TheDreamNews.com)

30) 가뭄, 냉해, 고염분, 고온과 같은 열악한 환경조건은 식물의 성장과 생산성을 저하시키는 주요 요인으로 "환경스트레스" 또는 "비생물학적 스트레스"로 알려져 있다. 이들 환경스트레스는 작물의 생산성 저하의 주요 요인으로 전세계적으로 최적 성장조건에서 생산 가능한 수확 양의 약 80%까지가 스트레스로 인해 유실되는 것으로 알려져 있다.

31) 강수량이 부족하여 식물의 정상적인 성장이 불가능한 지대를 말하며, 사막 · 스텝 등의 건조기후를 이루고 있다. 중위도 고압대가 발달하는 대륙의 서쪽, 중앙아시아와 같은 대륙의 내륙부, 파타고니아 등 대산맥의 풍하지역(風下地域)에 분포하여 바다로부터의 습한 바람이 거의 미치지 못하는 지대이며, 세계적으로 보면 남북 양반구의 중위도를 대상(帶狀)으로 둘러싸고 있다. 이 가운데에는 아시아의 고비 · 타클라마칸 · 타르 · 이란 · 아라비아, 아프리카의 사하라 · 리비아 · 칼라하리, 북아메리카의 소노라 · 모하비, 남아메리카의 아타카마 · 파타고니아, 오스트레일리아의 빅토리아 · 그레이트샌디 등의 사막이 포함되고, 그 주변지역에는 초원이 분포하고 있다(두산백과).

중국의 네이멍구(内蒙古) 자치구의 사막화가 진행된 모습. 자연적 요인인 가뭄, 건조화 현상과 인위적 요인인 관개, 산림벌채, 환경오염 등이 복합적으로 작용하여 나타나는 사막화 현상은 많은 문제를 가져오고 있다.

이 황폐해지는 특징을 보이고 있으며 대부분 가난한 나라들이 이들 건조지역에 분포되어 있다. 사막화로 인해 고통받고 있는 대다수 사람들은 이들 건조지대의 빈곤한 국가의 국민이다.

사막지역의 인구증가 속도는 매우 빠른 편이어서 사하라 사막 주변의 경우 1930년 이후 4배 가까이 늘어났다. 유엔은 앞으로 건조지역 인구가 30년 동안 약 2배 이상 증가할 것으로 전망하고 있으며, 사막화 방지를 위한 정책을 결정할 때 사막화로 생계의 위협을 받고 있는 사람들의 지속적인 부양을 위한 정책이 전제되어야 한다고 지적하고 있을 정도이다.

지구 전체 150억여ha 중 51억ha 가량이 사막화된 가운데 특히 아시아가 16억ha로 가장 심한 편이며 줄어드는 숲, 늘어나는 사막, 낮아지는 지하수면, 감소하는 수산자원, 사라지는 생물종, 지구온난화 등 지구가 당면한 6가지 문제들 가운데 숲, 사막, 지하수면 등 3개의 문제가 사막화와 관련이 있다고 볼 수도 있다.

인도 정부가 2009년 우주자료응용센터SAC와 과학학술지 커런트사이언스지에 의뢰하여 실시한 국토실태조사에 의하면 이미 사막이 됐거나 진행중인 국토면적이 8천만ha가 넘으며 이는 전 국토면적 3억 2,800만ha의 1/4에 해당된다는 것이다. 이처럼 인도가 극심한 사막화 현상을 겪고 있는 이유는 전체 육지의 2.4%에 해당하는 땅에 세계인구의 16.7%가 살고 있어 인구과다조

밀현상을 보이고 있기 때문이다.[32] 또 다른 이유는 전세계 가축의 18%가 몰려 있어 인도 땅이 제공할 수 있는 자원보다 훨씬 많은 자원을 소비하고 있기 때문이다. 그밖에도 기후변화로 인한 강우량 변화와 물과 바람에 의한 침식, 토질을 악화시키는 영농방식 등이 인도를 점점 메마르게 하고 있는 것으로 밝혀졌다.

5. 물 부족 심화

21세기 지구환경의 다섯 번째 특징은 물 부족 심화이다. 물은 공기와 함께 인간이 살아가는데 가장 중요한 자원임은 말할 필요가 없다. 나아가 지구환경 및 생물의 생명에 중대한 영향을 미침도 당연하다. 21세기는 과학과 산업의 발달로 수자원의 활용범위가 더 넓어지고, 그 중요성이 높아지고 있는 현실을 감안한다면 양질의 수자원 확보는 지구의 생명을 유지하는 데 있어서 매우 중요한 문제가 될 수밖에 없다.

그러나 현재 전세계의 물은 부족과 오염이라는 이중고에 시달리고 있는 가운데 그 사용량은 계속해서 증가 추세를 보이고 있다. 현실적으로 사용 가능한 수자원의 확보는 더욱 어려워진 상황이다. 미국 CIA는 "Global Trends 2015 2000년 12월"라는 보고서에서 2015년경 세계인구 절반이 넘는 30억명 이상이 물부족 상태에 이르게 될 것으로 보고하고 있으며, UN산하 국제기후변화회의 2001보고서에서는 "21세기 지구는 고온 · 가뭄 · 홍수 등 이상기후변화와 인구증가로 인해 가까운 장래에 극심한 물 부족에 직면할 것"으로 전망하고 있다. 또한 UN 조사에 따르면 세계 인구의 약 1/5에 달하는 12억 명이 안

32) 뉴스한국, 2009.11.26

2008년 세계보건기구(WHO)의 보고에 의하면 매년 357만 5,000명이 물 관련 질병으로 사망하고 있으며 이중 84%는 0~14세 어린이다. © 월드비전

전한 음용수safe drinking water 부족 현상을 겪고 있으며, 이보다 두 배나 많은 24억 명이 하수도시설이 없는 상태에서 물을 마시고 있는 것으로 나타났다.

이러한 수자원에 대한 부실한 관리로 현재 물 부족과 비위생적인 물로 인해 목숨을 잃는 사망자는 전쟁에서 사망하는 사람 수의 10배 이상인 매년 5백만 명에 달하고 있다. 이에 UN에서는 수인성 질병으로 인한 사망자 수를 현재의 절반으로 줄이기로 한 밀레니엄 정상회담 목표를 달성하기 위해서는 전세계적으로 음용수 공급과 위생설비를 위한 지출을 현재 매년 300억 달러에서 최고 600억 달러까지 늘려야 한다고 평가하고 있다. 그렇지 못할 경우 대략 20년 후에는 세계 인구의 2/3가 크든 적든 물 스트레스Water Stress 속에서 살게 될 위험이 있다고 경고하고 있다.

세계적인 물 부족과 이상기후 현상과 인구성장, 그리고 수자원의 지역적 편중에 따른 물 부족 등으로 이미 중동 · 아프리카 등 지구촌 곳곳에서 물 분쟁이 발생하고 있다. 세계 인구의 약 40%가 인접국의 물에 의존하고 있고 국제공유하천이 214개에 달하는 것을 감안한다면 앞으로의 물 분쟁은 더욱 심각해질 것으로 보인다.

전세계 물 사용현황을 살펴보면, 평균적으로 인간이 사용하는 전체 물의 양 중 약 69%는 농업용수로 사용되며, 공업용수 23%, 음용수나 위생을 위해 사용되는 생활용수로 8% 정도 사용되고 있다. 이러한 세계 평균 수치는 지역별로 큰 편차를 보이는데, 예를 들어 아프리카에서는 농업용수 88%, 생활용수 5%, 공업용수 7%를 사용하고 있는 반면 유럽에서는 공업용수 54%, 농업용수 33%, 생활용수로 13%를 사용하고 있다. 담수 사용의 가장 많은 비중을 차지하는 농업은 인간에게 식량을 제공한다는 중요한 역할과 함께 그에 뒤따르는 문제점도 작지만은 않다. 특히 농업에서의 지하수 과다 사용은 지하수 고갈의 주범이 되기도 하며, 세계 주요 곡물 생산지의 대부분은 지속적 사용이 불가능할 정도의 비율로 지하수를 소모하고 있다.

특히 인도, 중국, 미국, 북아프리카 및 아라비안 반도의 연간 물 소비량은 1,600억m^3로 나일강 두 개 정도의 연간 총 유출량 규모이다. 인도의 경우 지난 1943년 '벵골 대기근' 당시 약 400백만 명 이상이 굶어죽는 참사를 겪었다. 그 이후 1960년대 인도정부는 기아 극복을 위해 개량 밀을 대대적으로 보급하여 식량 확보에 나섰다. 그 결과 수확량이 세 배나 증대하여 녹색혁명이라 불릴만했다.

그러나 반세기가 흐른 2010년 현재 인도는 녹색혁명으로 인한 후유증에 몸살을 앓고 있다. 대규모 경작을 위해 지나치게 물을 끌어다 쓰면서 지하수 수위가 낮아져 여기저기에 뚫어놓은 관정 130만 개의 수원이 말라붙었기 때문이다. 또 비옥했던 땅은 토양염화 현상으로 인해 황폐해졌다. 게다가 인도의 농업부문 물수요가 2030년까지 2배인 1조5천억 톤이 될 것으로 보여 물부족으로 인한 고통이 앞으로 더욱 심각해질 것으로 예측되고 있다.

산업발달과 인구증가는 지구의 물 소비를 지속적으로 증가시켜 현재 세계 65억 인구는 이미 강, 호수, 지하수 등 모든 접근 가능한 담수자원의 약 54%를 사용하고 있으며, 인구 성장률을 감안하면 2025년에는 약 70%까지 증가할 것으로 예상하고 있다. 여기에 지금과 같은 비율로 물 소비 증가 추세가 지속된다면 인류는 25년 내에 모든 사용가능한 담수의 90% 이상을 사용할 것으로 전망되고 있기도 하다.

6. 산림 황폐화

21세기 지구환경의 여섯 번째 특징은 삼림의 황폐화이다. 인류문명의 발달과 함께 산림 또한 지속적으로 황폐해졌다. 중동, 유럽, 동아시아 등 세계 주요 문명 발생지에서 시작되어 지속적으로 확산되어 온 산림고갈은 오늘날 주요 문명발생지역에서 대부분의 숲을 사라지게 만드는 결과를 초래하였다. 오늘날 이 지역에서 원시림은 거의 남아 있지 않게 되었으며, 과거 숲이 서 있던 지역은 농경지, 목축지, 주거지 또는 사막으로 변해 버렸다. 주요 문명권 밖에 있었던 열대지방의 숲도 지난 200여 년 동안 강대국들에 의한 자원 착취의 대상이 되면서 절반 이상이 사라지고 열대림이 서 있던 자리는 농경지나 목축지로 변해 버렸다.

영국의 역사학자 윌리암스wiliams가 '지구의 산림고갈Deforedting the Earth'이라는 저서에서 지난 50년 간 파괴된 숲의 면적은 인류문명이 시작된 이래 수천 년 동안 사라진 숲의 면적을 합친 것보다 많다고 주장하였다. 이는 지난 반세기 동안 지구 전역에서 진행된 산림고갈과 파괴가 얼마나 급속히 진행되었는지를 잘 말해준다. 특히 그가 말하는 벌채면적은 벌채 후 다른 용도로 개간된 순수 산림고갈 면적을 말하기 때문에 벌채 후 어린 묘목 등을 심어 복구시킨 면적까지 포함시키면 지난 50년 동안 행해진 산림파괴와 규모는 훨씬 더 커진다.

산림고갈은 자원고갈, 생태계 파괴, 생물종 다양성 감소와 같은 문제뿐

지구 전체 산소의 25~35%를 생성해 '지구의 허파'라고도 불리는 아마존 열대우림은 1990년대 초부터 산림 벌채로 인해 숲이 초원으로 변하고 있다. 산림 벌채 면적의 80%는 소를 키우는 목장으로 변했다.

만 아니라 기후변화까지 일으키고 있으며, 생존 여부가 전적으로 생태계에 의존되어 있는 인간에게 그 피해가 직접 되돌아오고 있다.[33]

33) 송홍선, 숲이 희망이다, 책씨, 2005.10.20

03

바이오 에너지의 등장과 식량위기

1. 바이오 에너지

지구의 기후환경 변화와 화석연료 에너지자원의 고갈은 새로운 에너지의 개발이 필요하게 되었는데 그 대표적인 것이 바이오 에너지[34]이다. 바이오 에너지의 원료는 주로 농축산물이나 그 부산물에서 추출되기 때문에 논란은 있으나 지구환경의 훼손을 어느 정도 줄일 수도 있다는 장점도 있다. 그러나 인류의 식량자원인 농축산물을 활용하는 데 따른 식량부족의 심각성이 우려되며, 이 또한 현대 농업문명의 한 축으로 자리매김하고 있다.

자동차나 농기계에 주로 사용되는 바이오 에너지는 액체 형태의 바이오 디젤과 바이오에탄올이 있다. 바이오디젤식물성 메칠 에스텔은 유지 작물에서 주로 생산되고, 디젤오일과 혼합 사용이 가능해 상업화가 빠르다. 바이오에탄

34) 바이오 에너지는 대체 에너지의 한 형태로 볼 수 있는데, 대체에너지란 식물, 도시 폐기물 등의 바이오매스에서 뽑아낸 액체나 기체 형태의 연료를 말한다. 이런 연료는 운송수단이나 전력 발전을 일으키기 위해 사용되며, 대체 운송 연료는 자동차에 사용되는 가솔린이나 디젤연료를 대체할 수 있는 연료를 말한다. 현재 사용되고 있는 대체 연료로는 프로판, 천연가스, 에탄올, 메탄올, 전기, 바이오디젤(biodiesel)과 수소 등이 있다. 대체연료는 채소의 오일, 나무, 풀, 동물성 지방, 도시 폐기물, 그 외 모든 종류의 유기성 물질로부터 만들어질 수 있다.

올에 비해 원재료가 제한적이고 연소시 오염물질이 많이 나오는 것이 단점이다.

바이오디젤은 2차 세계대전 전에 남아프리카에서 처음 도입되었다. 1991년 유럽연합은 바이오디젤을 포함한 바이오 연료의 수입을 위해 90%의 관세를 감면하기도 했다. 미국에서는 2005년 현재 3천만 갤론 이상의 바이오디젤을 생산할 수 있는 시설이 설치되었으며 이들의 원료는 콩기름, 음식점에서 회수된 기름 및 동물성 지방이다. 바이오디젤은 현재 여러 용도로 사용되고 있는데 여행용 보트, 배, 경찰서 및 병원의 비상용 발전기 등에서 사용되고 있다. 이미 20%의 바이오디젤을 포함한 혼합 디젤연료는 광범위하게 사용되고 있다.

바이오에탄올[35]은 사탕수수, 옥수수 등 주로 곡물에서 추출한 연료로, 휘발유와 혼합하거나 단독으로 사용할 수 있으며 바이오디젤과 더불어 대표적인 재생자원 에너지다. 특히 최근 농업폐기물이나 폐목재 등 비非식용 식물원료에서도 에탄올을 추출해 생산단가를 획기적으로 낮출 수 있는 '셀룰로오스 에탄올'[36] 기술이 개발되면서 에탄올 연료도 광범위하게 이용되고 있다.

---

35) 바이오에탄올은 바이오디젤과 함께 가장 널리 사용되는 바이오 연료(bio-fuel)이다. 바이오디젤이 유지(油脂) 작물에서 식물성 기름을 추출해 만드는 데 반해, 바이오에탄올은 녹말(전분) 작물에서 포도당을 얻은 뒤 이를 발효시켜 만든다는 점에서 바이오디젤과 다르다. 대표적인 원료는 사탕수수 · 밀 · 옥수수 · 감자 · 보리 · 고구마 따위의 녹말 작물이다. 그 밖에 카사바 · 볏짚 등 다양한 식물에서도 바이오에탄올을 추출할 수 있다. 바이오 매스 안에 있는 탄수화물을 글루코스(포도당)로 전환시킨 뒤, 다시 포도주나 양조 맥주를 발효시키는 것과 비슷한 발효과정을 거쳐 만든다. 화석연료와 달리 환경오염물질이 전혀 없고, 식물로부터 연료를 얻기 때문에 언제든지 재생이 가능하다. 특히 일산화탄소와 같은 환경오염물질을 배출하는 가솔린과 달리, 유해물질을 전혀 배출하지 않아 일찍부터 차량용 대체에너지로 주목을 받았다. 가장 널리 사용되는 바이오에탄올의 원료는 사탕수수이다(두산백과사전).

36) 잔디, 잡초, 나무톱밥 등의 원료를 이용하여 생산되는 에탄올

바이오에탄올은 원유의 수입을 억제할 수 있을 뿐만 아니라 에탄올 연소 시 발생하는 이산화탄소는 교토의정서에서 규정한 온실가스에 해당되지 않아 이중으로 유리하다. 바이오에탄올은 농산물이나 임산물 등에서 추출할 수 있기 때문에 전후방 연관효과에 의한 생산 및 고용창출효과가 클 뿐만 아니라 바이오에탄올의 분배시스템도 기존의 인프라를 이용하면 되기 때문에 여러 가지 측면에서 유리한 점이 있다.

이러한 장점 때문에 미국, 브라질, 일본, 중국, 유럽연합EU 등 많은 나라에서 바이오에탄올 개발에 총력을 기울이고 있다. 이에 월가 투자은행은 물론 빌 게이츠, 폴 앨런, 구글 창업자 페이지, 버진그룹 리처드 브랜슨 회장 등도 옥수수 에탄올 제조사나 생산판매사업에 투자하고 있는 실정이다. 세계적인 자동차 메이커들도 에탄올을 연료로 하는 플렉스차flex-fuel vehicle[37] 개발 및 생산을 본격화하고 있다.

세계적인 곡물메이저인 카길은 이미 1970년대부터 에탄올 생산을 위한 투자를 시작했고 앞으로 생산능력을 급속도로 늘릴 계획인 것으로 알려져 있다. 또 다른 곡물메이저인 ADM은 석유회사 쉐브론에서 CEO패트리샤 월츠를 스카우트해오는 등 에너지회사로의 입지를 굳혀 가고 있다.

2. 각국의 바이오 에너지 이용 현황

미국

석유소비량의 50%를 수입에 의존하는 미국은 에너지 안보를 위해 2005년 에너지법을 개정해 에탄올의 이용 및 생산을 촉진하는 다양한 우대조치

37) 석유와 에탄올을 번갈아 사용할 수 있는 차

및 인센티브를 제공하고 있다. 예컨대 E85바이오에탄올 85%+휘발유 15% 등 대체연료 보급시설의 건설비 및 E85 판매업체에 대한 세금감면, 플렉스차 구입자에 대한 세금감면, 소규모 생산업체 및 지방정부에 대한 보조금지원 등이 다각도로 이뤄지고 있다.

2007년 미국 대통령 일반교서 연설에서 중동국가들에 대한 석유의존도를 경감시키기 위해 에너지원 다변화를 추진하여 향후 10년간 가솔린 소비량을 20% 삭감하는 목표를 발표하기도 했다. 미국에서의 바이오에탄올 수요량은 2002년 이후 급속하게 증가하고 있다. 바이오연료의 원료로 목재칩, 목초, 농업폐기물 등을 활용하기 위하여 새로운 바이오에탄올 생산기술의 개발도 적극 추진하고 있다.

미국 농무성이 2007년 2월에 발표한 'USDA 2007'에서는 평년과 비슷한 기후 및 현행 농업정책이 미국뿐만 아니라 세계 각국 · 지역에서 향후에도 지속될 것으로 전제할 경우 미국의 옥수수 생산량과 수요량은 각각 연평균 2.0% 증가할 것으로 예측하고 있으나, 바이오에탄올 수요량은 증가할 것으로 예측하고 있어 옥수수의 상당량이 에탄올 생산으로 전환될 것으로 보인다.

미국 연방정부는 수입 바이오에탄올에 대하여 54센트/갤론의 관세를 부과함으로써 자국의 바이오에탄올 산업을 보호하고 있다. 또한 소규모 바이오에탄올 생산자에 대한 소득세를 공제하거나 상품금융공사CCC에서 보조금을 지급하고 있다. 또한 연방정부와는 별도로 10개주 정부에서는 바이오에탄올 제조업자에 대해 보조금을 지급하기도 한다. 이와 같이 바이오에탄올 생산과 유통 부문에 대해 연방정부와 주정부가 적극 지원하고 있다.

2010년 미국 과학기술정보센터의 글로벌동향브리핑2010-01-19에 의하면 미국 에너지부는 차세대 바이오 연료 부문에 8,000만 달러를 투자한다고 발표하였다. 도날드 댄포스 식물과학센터Donald Danforth Plant Science Center가 이끄는 NAABB National Alliance for Advanced Biofuels and Bioproducts가 자동차와 항공기에 사용되는 해조류 바이오연료의 상용화를 추진할 예정이며, NRENational Renewable Energy와 PNNLPacific Northwest National Laboratories은 NABCNational Advanced Biofuels Consortium의 바이오매스 기반 수소연료 연구를 이끌 것이고, 앞으로 9개 주의 8개 프로젝트가 에너지부로부터 160만 달러, 매칭펀드에서 390만 달러를 지원받아 기존 연료 스테이션에서 에탄올 혼합사용을 확대할 계획이라고 발표했다.

그러나 이러한 미국정부의 계획에 대해 라이스대학교의 제임스 베커 연구소James A. Baker III Institute가 발간한 정책평가자료에서는 수송연료로서 에탄올 사용을 촉진하는 미국의 정책을 시급하게 재고해야 한다고 주장하면서 바이오에탄올 생산 확대정책에 대해 정면 비판하고 나섰다.

미국정부의 바이오 연료 생산 및 사용 목표가 과연 달성될 수 있는지에 대해 의문을 제기하고, 바이오 연료는 환경과 에너지 안보를 향상시키는지에 대해 회의적이라는 것이다. 미국에서 생산된 옥수수 에탄올이 기후 친화적이라는 의견일치가 이루어지지 않았고, 휘발유 이용과 비교해 온실가스 배출을 확실히 감축할 수 있다고 보지 않는다고 주장하고 있다. 미국 정부는 바이오 연료 생산을 2022년까지 360억 갤런으로 확대할 예정이다. 옥수수 에탄올은 한 해 150억 갤런으로 제한되었지만, 이 수준조차도 달성되기 어렵다는 것이 동 자료의 주장이다. 대규모의 보조금이 바이오 연료 생산에 지원되고 있는데, 환경적 편익은 거의 없고, 미시시피강과 멕시코만 주변의 옥수수 재배지역 등에서 실제로 부분적인 피해가 발생하고 있다는 것이다. 이 보고서는 2008년에 미국 정부가 자국의 휘발유 공급의 2%를 바이오연료로 대체하기 위해 40억 달러의 보조금을 지급하였는데, 보다 현실적인 목표를 설정함으로써 불필요하게 예산을 낭비하는 일이 없도록 해야 한다고 강조한다.[38)]

이와 같이 미국 내에는 바이오에탄올 생산확대에 대해 비판적인 시각과 연구가 있음에도 불구하고 미국정부는 강력히 추진할 의지를 드러내고 있다.

브라질

브라질은 바이오에탄올의 주요 원료인 사탕수수의 집산지로서 연간 약 3.8억 톤의 사탕수수 생산량 중 약 절반이 바이오에탄올 생산에 충당되고 있다. 1975년부터 국책사업으로 바이오에탄올을 집중 육성해온 브라질은 이미 2010년 전체 차량연료 소비량의 약 35%를 자국산 바이오에탄올로 대체하고 있다. 브라질 정부의 E85연료 사용 확대 정책에 힘입어 2009년부터 플렉스차 판매비율이 약 88%에 달해 순수 휘발유 차량을 크게 추월한 상황이다. 브라질 최대 자동차 생산업체인 폴크스바겐은 2006년부터 브라질 국내 생산분은 100% 플렉스차로 전환하였다.

이와 같이 브라질은 세계적인 에탄올 생산국이며 플렉스 자동차 대중화로 에탄올 수요가 크게 늘어나고 있다. 브라질은 미국과 함께 에탄올 생산 1~2위를 다투고 있으며, 세계 에탄올 수출시장에서 브라질이 차지하는 비중은 46%로 1위를 차지하고 있다. 2008~2009년 브라질의 에탄올 생산량은 257억 ℓ 이며, 2010년4월~2011년3월 까지는 274억 ℓ , 2020년께는 640억 ℓ 까지 늘어날 것으로 전망하고 있다.[39)]

그러나 브라질의 바이오에탄올 생산과 사용확대에 대한 비판적 시각도 엄연히 존재하고 있다. 쌍파울로 주립대학의 ES&TEnvironmental Science and Technology에서 수행한 「바이오연료 에탄올 생산 중 대기 질소방출」이라는 연구에 의하면 불태운 사탕수수밭에서는 대량의 질소를 공기중에 방출하여 그 지역의

38) http://www.energyefficiencynews.com/i/2719
39) 연합뉴스, 2010.3.30

공기오염을 더욱 심하게 한다는 것이다. 이 질소는 암모니아와 질소산화물 NOx의 형태로 반응하여 오존을 생성시켜 결국 바이오에탄올을 얻는 대신 인간에게 필요한 청정공기를 잃게 될 수도 있다는 것이다. 쌍파울로 대학의 아놀드 카루도서Arnaldo Cardoso는 매년 4월부터 11월까지의 수확기에 연소한 재와 질소산화물이 쌍파울로의 자동차와 주요 사탕수수 재배지에 덮여있다고 말했다. 산성비, 오존 그리고 강과 호수의 수질을 변화시킬 수 있는 문제를 초래할 수 있다. 매년 브라질에서 태우는 220만 헥타르에서 대략 55,000톤의 질소를 질소산화물의 형태로 방출한다고 예측했다.[40]

EU

유럽연합EU은 2010년까지 이산화탄소 배출량을 3억 2,000만 톤 줄여 교토의정서가 규정한 감축 목표량1990년 대비 평균 5.2%의 95%를 달성하기 위해 수송연료의 5.75%를 바이오 연료로 대체하는 것을 시작으로 2030년에는 전체 수송연료의 25%를 바이오 연료로 대체한다는 목표를 세우고 있다.

바이오디젤은 유럽연합EU의 바이오 에너지 총생산의 81.5%를 점유하고 있고, 2000년부터 연평균 28.2%씩 급성장 하고 있다. EU에서 2009년 생산된 바이오 연료는 약 500만 톤에 달한다. 바이오 전력은 EU 전력 소비의 2%를 차지한다. 고체 바이오매스와 바이오가스, 미생물 분해 폐기물이 전력 발전에 사용된다. 고체를 이용한 전력 생산은 화력발전소에서 목재나 농산물 등을 태우는 방식으로 생산된다.

2005년까지 순수바이오연료에 세금을 전액 면제하는 법을 시행했던 독일은 2005년 바이오디젤 최대 생산국유럽 총생산량의 52.4%이 됐다. 독일은 주로

---

40) 연합뉴스, 2010.3.30

20MW메가와트, 1MW=1000kW급 중형 발전소를 운용하는데 열과 전기를 동시에 생산하는 바이오 매스 발전소 비중이 높아지는 추세다. 바이오 가스는 3분의 2가 전력 생산에, 나머지 3분의 1이 열 생산에 사용된다. 바이오 가스를 통한 전력생산은 2004년 14.9TWh테라와트·시, 1TW=10억kW인 것으로 추정된다. 이 전력 생산의 절반은 열병합발전을 통해 이뤄지고 있으며 바이오가스 버스를 활용하는 방안도 연구되고 있다. 독일은 최근 기존의 자동차 연료에 바이오에탄올 2%와 바이오디젤 5%를 의무적으로 혼합하도록 하는 조치를 시행하고 있다. 스웨덴의 경우 이미 새로 판매되는 자동차의 25%가 휘발유 대신 E85 연료를 사용하고 있다.

일본

일본 정부는 바이오에탄올 생산을 촉진하기 위하여 2003년부터 휘발유에 에탄올을 3%까지 섞어 팔 수 있도록 허용했지만 휘발유보다 가격이 높고, 혼합연료 공급시설 미비 등으로 이용확대에 어려움을 겪어 왔다. 이를 타개하기 위해 2008년에 '신연료이용확대기반법'을 제정, 주유소에서도 바이오연료를 혼합할 수 있게 하고 바이오연료 및 바이오연료 혼합 휘발유에 대한 세금감면 조치를 도입해 부진한 바이오에탄올 사용을 적극 장려하고 있다.

일본은 교토의정서 협정 이행기간2008~2012년 동안 모든 휘발유 사용 신차에 E10바이오에탄올 10% + 휘발유 90%을 쓸 수 있도록 관계법령을 정비하였으며, 2030년까지 국내 자동차용 휘발유 전량을 E10으로 교체할 방침이다. 자동차 메이커들도 바이오에탄올을 연료로 하는 차량개발에 박차를 가하고 있다. 혼다가 2008년부터 E85연료를 사용하는 플렉스차 '피트'의 양산에 들어갔으며, 2009년부터는 북미시장에도 투입할 방침이다. 도요타 · 닛산 등도 곧 플렉스차를 내놓을 계획으로 있다.

한국

한국은 기후적 여건 및 농지의 협소함으로 바이오 연료 확대에 많은 제약이 있는 것이 사실이나, 장기적으로 고유가 및 기후변화협약 대응을 위한 에너지원 다변화의 일환으로 바이오 연료의 생산 · 보급을 확대할 계획이다.

한국은 1988년부터 「대체에너지개발촉진법」에 따라 정부차원의 바이오 연료 기술개발을 본격적으로 추진하고 있다. 바이오에탄올 및 바이오디젤 생산의 기술수준은 세계수준의 약 64.9% 및 74.1% 수준으로 평가되고 있으며, 국산화율은 바이오에탄올이 64.6%, 바이오디젤이 77.1% 수준이다신재생에너지 RD&D 2030. 한국은 바이오 연료의 공급을 2007년 34만 8천톤에서 2010년 이후에는 100만톤 이상으로 늘릴 계획이다.

3. 바이오 에너지용 곡물 사용 확대와 농업문명

바이오에탄올이 대체에너지로 부상하면서 원료가 되는 옥수수, 사탕수수, 밀 등에 대한 수요가 급증해 곡물가격 급등의 한 요인이 되고 있다. 브라질에는 세계 전체 바이오에탄올 생산량의 39.4%에 해당하는 에탄올 제조시설이 있으며 원료는 전량 사탕수수이고, 미국은 세계전체 생산량의 58.8%를 차지하고 있고 원료의 99.7%가 옥수수다. 캐나다도 생산량 점유율은 1.7%로 낮지만 원료는 모두 옥수수를 사용한다.

미국 에탄올업계의 모임인 재생가능연료협회RFA에 따르면 미국에서는 2008년 현재 48개 에탄올시설이 건설 중이고 7개 시설은 확장공사를 진행하고 있다. 이에 따라 2009년에는 미국 내 에탄올 생산능력이 약 70억 갤런으로 늘어날 전망인데, 이를 옥수수로 환산하면 약 6,300만 톤으로 미국 전체 옥수수 생산량의 약 25%에 해당되는 양이다. 미국에서는 향후에도 에탄올 제조의 원료로서 경쟁력이 있는 농산물인 옥수수의 이용이 약 33%까지 확대될 전망이어서 바이오연료의 생산확대는 옥수수 수요의 증대로 이어질 전망이다.

이런 상황에서 투기성 자금들이 곡물시장에 유입되어 가격이 폭등할 가능성도 배제하기 어렵다. 세계적인 금융위기 상황에서 상대적으로 상품시장의 투자매력이 커진 곡물시장에 대한 관심이 증대된 상황이고 중국, 인도, 브라질 등 브릭스 인구대국들의 경제발전에 따른 육류소비 확대로 옥수수 등 사료작물의 수요가 지속적으로 상승하고 있어 수요가 공급을 초과하는 상태가 장기간 계속될 가능성이 높기 때문이다. 따라서 안정적으로 자금을 운용하는 연기금 펀드들까지도 곡물시장에 눈을 돌리고 있다. 곡물시장은 아무리 비싸도 구매가 크게 줄어들지 않는 비탄력적인 특성상 투기자본들이 늘 노리고 있기도 한 시장이다.

부시 미대통령이 2008년 1월 일반교서연설에서 이른바 '20 in 10'을 발표하면서, 앞으로 10년2017년 내에 가솔린의 소비량을 현재보다 20% 삭감하기 위해서 연간 350억 갤런의 에탄올을 공급한다는 목표를 제시했다. 이러한 부시의 바이오연료정책의 이면에는 초국적 농식품복합체의 로비도 한 몫을 했던 것으로 알려지고 있다. 그중에서도 1980년대부터 에탄올 개발 등 착유사업을 전개해 온 아처 대니얼스 미들랜드ADM는 곡식을 식량용과 연료용으로 동시에 취급하는 이중적 위치를 활용해 곡물메이저로서의 입지를 강화해 왔다.

이러한 식량수출국들의 이율배반적 태도가 2008년 세계가 겪었던 식량파동의 근원적 요인 중 하나로 파악된다. 이처럼 기후요인에다 식량수요, 에너지수요, 투기수요까지 가세하면서 옥수수 등 곡물가격 상승이 추세화될 경

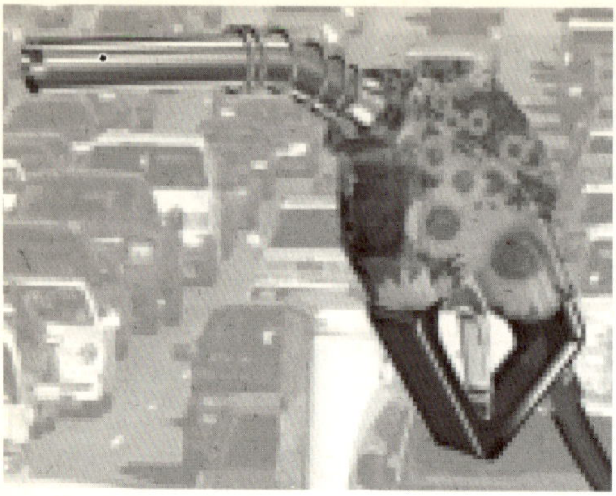

우 쌀을 제외한 대부분 곡물의 자급률이 5% 미만인 한국뿐만 아니라 제3세계 국가들의 식량난은 더욱 가중될 우려가 높다.

실제로 전세계적인 바이오 연료 열풍으로 옥수수뿐만 아니라 대부분의 농산물 가격이 급등했다. 미국 농무부에 의하면 미국 전체 농지가격은 옥수수밭 가격급등에 따라 15%나 올랐고, 아이다호의 경우는 35%나 뛰었다. 이런 상승률은 뉴욕 맨해튼 남부 소호지역 아파트 가격 상승률인 12%보다 높다. 이 여파로 세계 제2위 농산물 수출국인 아르헨티나 옥수수 농장 가격도 올랐다.

앞에서도 지적한 바와 같이 바이오 에너지가 환경친화적이지 않다는 의문도 제기된다. 세계적인 팜유 생산국인 인도네시아는 팜유 재배 확대를 위해 정부 차원에서 원시림을 훼손하고 산림에 불을 지르는 바람에 세계 3위 이산화탄소 배출국이 되기도 했다. 브라질산 에탄올에 대한 세계적 수요증가로 사탕수수 경작지를 확대하기 위해 아마존 열대우림이 피폐화될 위기에 놓였다.

한편 바이오 연료가 국제 곡물가격 급등의 주요 원인으로 지목되고 있는 가운데 대형 곡물메이저들이 바이오 연료 로비단체를 구성해 곡물을 이용한 연료 사용을 확대해야 한다고 주장하고 나섰다. 세계 최대 종자개발 회사인 몬산토와 곡물 가공업체 아처 대니얼스 미들랜드ADM, 농기계제조업체 디어,

듀폰 등이 연합한 '풍부한 식량과 에너지를 위한 연대'AAFE. Alliance for Abundant Food and Energy는 2009년부터 전국적인 광고와 의회에 대한 로비를 통해 바이오 연료 생산을 옹호하고 나섰다.

이와 같이 다국적 농관련 기업들이 바이오 에너지 생산과 소비를 옹호하고 나선 것은 곡물뿐만 아니라 바이오 에너지 시장까지도 독과점적 지위를 확보하겠다는 계산에서 비롯되었다고 볼 수 있다. 표면적으로는 '풍부한 식량, 풍부한 에너지'를 표방하고 있지만 국제시장에서의 독과점적 체제를 통한 이윤창출이 목적임은 분명하다.

이러한 비판과 우려에 대해 몬산토는 콩, 옥수수 같은 작물의 생산성을 2030년까지 두 배로 높이고, 듀폰의 자회사 파이오니어 하이브레드는 10년 안에 종자 생산량을 40% 끌어올림으로써 식용곡물가격의 안정을 취할 수 있다고 주장하고 있으나 설득력이 약해 보인다. 당장 곡물가격 급등으로 피해를 입은 관련 업계가 반발하고 있다. 미 식품생산업협회GMA 스콧 파버 부회장은 "곡물 생산량을 늘리는 것이 필수적이기는 하지만, 많은 식량이 바이오 연료 생산에 사용됨으로써 수백만 명이 굶주리고 있다는 우려를 씻을 수는 없을 것"이라고 밝혔다.[41]

인간의 식량을 생산하기 위한 농업이 21세기에 들어서서는 에너지 생산을 위해 사용되고 있는 상황을 살펴보았다. 화석연료의 고갈에 대응하는 또 하나의 새로운 농업문명이 아닐 수 없다. 거대 농산물 생산국가나 선진국에서는 농작물을 이용한 바이오 에너지 생산이 폭등하는 화석연료의 대안으로 각광받고 있으나, 다른 한편으로는 65억 인구 중 식량문제조차 해결하지 못하고 있는 약 50억 명에 달하는 인류에게는 식량 확보 가능성을 더욱 어렵게 하는 결정적인 한 요인이 되고 있다. 뿐만 아니라 바이오에탄올 생산의 원료

41) 연합뉴스, 2009. 3.

가 되는 옥수수나 사탕무와 같은 곡물의 국제가격이 2~3배 폭등하여 곡물수입국들은 초비상 상태에 처해 있다.

그럼에도 불구하고 세계 각국은 고유가 대응차원에서 뿐만 아니라 에너지안보, 온실가스 규제강화에 대한 대비차원에서 대체에너지의 개발과 이용확대에 박차를 가하고 있는 것이 현실이다. 화석연료의 대체에너지로서 바이오에너지는 그 중요성을 어느 정도 갖는 것은 사실이다. 그러나 인류전체의 식량문제에 대한 고민은 없어 보인다. 선진제국들에 의해 현재의 농업문명은 식량과 에너지를 동시에 조달하는 그렇게 바람직하지만은 않은 방향으로 흘러가고 있다.

04

재앙으로 다가올 유전자변형농식품(GMO)

현재 농업문명의 또 하나의 중요한 한축은 유전자변형농식품Genetically Modified Organism : GMO[42)]의 개발과 생산확대 문제이다. GMO는 인위적으로 유전자를 조작하거나 다른 유전자를 넣음으로써 새롭게 조합된 유전물질을 포함하고 있는 생물체를 말한다. GMO는 유전자를 계획적으로 변형시킨다는 점에서 전통적인 교잡이나 돌연변이에 의한 품종개량과는 전혀 다른 개념이다. 전통적인 방법은 기존에 존재하는 유전형실을 이용하는 것이고 GMO는 지금까지 지구상에 전혀 존재하지 않았던 새로운 유전자를 인위적으로 만들어 낸다는 점에서 큰 차이가 있다.

인간에 의하여 조작된 새로운 GMO의 예로서는 잡초에 강한 옥수수, 베

42) LMO(Living Modified Organism)와 GMO(Genetically Modified Organism)를 구분하기 위해서 생물다양성협약(LBD) 회의에서 명명한 카르타테나의정서에는 의도적으로 현대의 생명공학기술을 이용하여 얻어진 새로운 유전물질의 조합을 포함하고 있는 모든 살아 있는 생물체를 LMO로 정의하고 있음. 반면 GMO는 농산물품질관리법에서 인공적으로 유전자를 분리 또는 재조합하여 의도된 특성을 갖도록 한 농산물로 정의하고 있음. 따라서 GMO는 LMO가 생명력을 잃고 냉장, 냉동, 가공된 식품(예, 두부, 두유)까지 포함하므로 LMO는 GMO의 한 부분이라 할 수 있으나 한국에서는 혼용하여 사용하고 있음.

타케로틴이 풍부한 벼, 잘 무르지 않는 토마토, 비타민A가 강화된 황금쌀golden rice, 간염백신 바나나, 니코틴이 제거된 담배, 카페인이 제거된 커피와 차 등 수없이 많다. GMO가 인간과 자연환경에 미치는 영향에 대해서는 많은 논쟁이 있는 것이 사실이나 지구환경과 인류에 미치는 장기적 파급효과에 대해서는 신중한 입장을 취하는 것이 옳다. 따라서 GMO가 인간이나 자연에게 어떤 유리한 점이 있으며 문제점은 무엇인지, 그리고 현재의 농업문명에는 어떤 의미가 있는지를 살펴 볼 필요가 있다.

1. GMO의 장점과 문제점

GMO농식품의 장점으로는 농식품의 주요 영양소를 증가시킨다는 점이다. 대표적인 것이 식물성 기름을 추출할 수 있도록 지질대사과정을 변형하여 고품질, 고농도의 지방산을 생산하는 것이다. 이러한 과정을 통하여 해바라기씨 기름과 유채씨 기름에서 고농도의 올레인산oleic acid을 함유한 제품을 만들어냈고, 최근에는 어류의 불포화 지방산을 생산할 수 있는 작물을 개발하였다.

미량 영양소를 증가시킬 수도 있다. 미량 영양소는 주영양소 못지않게 사람의 대사 과정에 매우 중요한 역할을 하므로 결핍이 되면 인간에게 매우 치명적인 영향을 준다. 이는 식물이 가지고 있는 대사 경로를 조절하여 원하는 영양소를 생산할 수 있도록 하는데 그 예로 비타민 함량을 증가시킨 황금쌀 등이 있다.

식용 백신을 생산하기도 한다. 식물과 동물을 이용한 의약품의 생산은 생산량이나, 안전성, 경제적인 측면에서 많은 강점을 가진다. 고부가가치 물질

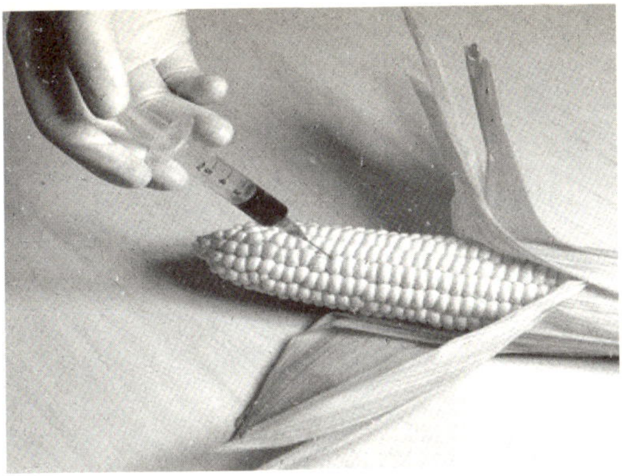

인류의 식량문제를 원천적으로 해결할 '신이 내린 기술'로 평가받았던 GMO는 인체에 유해하다는 의문이 제기되면서 '프랑켄슈타인 식품'으로 전락하였다.

의 대량 생산이 가능하고, 화학 합성으로 이루어지는 의약품보다는 부작용이 적을 것이라 예상되며, 이러한 의약품이 값싸고 대량 생산된다면 보다 많은 사람들이 혜택을 받을 수 있을 것이기 때문이다. 그 밖에도 척박한 환경에서도 작물이 자랄 수 있도록 작물을 변형시키는 일이 가능하고, 제초제 저항성, 각종병 저항성, 해충 저항성, 농식품의 저장성 향상 등을 목적으로 하는 영농개선형 GMO도 있다.

그러나 GMO의 장점은 문제점이 없을 때만 지구환경이나 인류에게 도움이 된다. GMO농식품의 안전성 논란은 지금도 진행중이다. GMO농식품이 인체에 해로운 영향을 미쳤던 사건으로는 1989년 트립토판 사건[43], 1994년 브라질 넛 사건[44], 2000년 스타링크 사건[45]이 주요한 사례이다.

---

43) L-트립토판 사건은 1989년 미국에서 LMO 미생물에서 유래한 아미노산의 일종인 트립토판(L-tryptophan)을 함유한 식이보충제를 먹고 백혈구가 증가하고 근육통이 발생하는 EMS (Eosinophilia-Myalgia Syndrome)가 발생하여 35명이 사망하고 1,500명 이상의 환자가 발생했다는 주장으로서, 문제의 식이보충제의 원료인 트립토판이 LMO 미생물에서 유래한 것으로 밝혀짐에 따라 사건 초기 그 사망 원인이 LMO 미생물인 것으로 알려짐.

44) 세계적 종자회사인 미국 파이오니어 하이브리드사는 1993년 콩의 필수아미노산(메티오닌, 시스테인) 함량을 증가시키기 위해 브라질 넛의 2S 알부민 유전자를 도입하여 유전자 변형 콩을 개발하였으나, 알레르기 가능성이 문제되어 개발을 중단한 사건.

45) 1999년 미국 EPA(환경보호청)는 스타링크에 포함된 Cry9C 단백질이 소화에 문제가 있으며, 알레르기 유발가능성이 있다는 이유로 식용이 아닌 사료용으로 허가함. 2000년 10월 알레르기 유발 우려로 식용승인을 받지 못한 옥수수가 일반 옥수수에 섞여 유통된 사건. 2000년 10월 식품 타코쉘(Taco Schells)에서 스타링크 성분이 검출되어 관련 제품의 리콜이 이루어졌으며, 막대한

뿐만 아니라 예상하지 못했던 생물에게 해를 끼칠 수 있어 생물종의 다양성을 파괴할 수 있는데 1999년 모나크 나방 사건[46)]이 대표적인 사례이다. 또한 유전자 전이 및 오염의 문제이다. 다른 생물에게로 의도하지 않은 유전자의 전이로 예상치 못한 결과가 발생할 수 있고, 토종 품종의 손실이 우려되며, GMO작물과 Non-GMO 작물의 혼합 및 오염도 우려된다. 1974년 E. Coli 유전자 전이[47)], 1994년 항생제 마커 유전자 전이[48)], 2001년 멕시코 토종 옥수수 오염[49)], 2002 프로디진 사건[50)] 등이 주요 사례가 될 수 있다.

이러한 GMO농식품에 대한 불안전성을 위한 규제가 있어야 함에도 불구하고 선진국과 개도국, 수출국국과 수입국들은 서로 다른 입장을 표명하고 있어 국제적 위험에 대한 규제도 쉽지 않은 상황이다. 문제는 GMO가 위험

손해배상이 이루어짐. 일본, 한국 등 미국산 옥수수를 수입하는 국가들에서도 문제점이 발생하여 수출통관보류, 반송 등의 조치가 시행됨. 미 FDA의 허술한 식품감독의 문제점이 지적되었고, 유전자변형제품의 유통관리 문제에 대한 세계적인 관심을 촉발시킴.

46) GMO가 제거 대상이 아니었던 생물에게 해를 끼친 사건으로 이렇게 되면 유익한 생물이 감소하거나 멸종되는 불상사가 벌어질 수 있음.

47) 유전자재조합기술이 발견되면서 그 생물학적 성질을 완벽히 알 수 없는 새로운 DNA가 만들어지고 있는 바, 대장균 E. Coli에 도입된 새로운 DNA가 생물체에로 전이된 예상치 못한 효과를 유발한 사건.

48) 1994년 유전자변형 토마토가 최초로 유통됨으로써 항생제 마커(maker)에 대한 문제가 제기됨. 재조합 유전자를 이식할 때, 유전자 발현 여부를 판별하기 위한 마커 유전자를 사용하며, 주로 항생제가 이용됨. 이러한 항생제가 대장 미생물로 전이되어, 문제를 일으킬 수 있다는 우려가 제기됨.

49) 중앙아메리카 옥수수 유전자다양성 중심지이며, 기원국인 멕시코 오악사카(Oaxaca) 산간 지역 토종 옥수수에서 수입된 GMO옥수수의 형질전환 DNA가 발견됨, 1999년부터 그린피스에서 수입된 식용 GMO옥수수의 일부가 종자용으로 이용될 수 있고, 이에 따라 토종 옥수수가 오염될 수 있음을 경고하였음(Greenpeace, 2003). 2002년 1월 멕시코정부는 22개 조사지역에서 15개 지역의 토종옥수수가 오염되었음을 공식 확인하였음(Greenpeace, 2003). 멕시코 옥수수 오염 문제는 GMO작물과 Non-GMO작물의 공존문제를 세계적인 관심사항으로 촉발시키는 계기가 되었음.

50) 프로디진(ProdiGene) 사건은 GMO작물과 Non-GMO작물이 혼합된 사건(Chemical & Engineering News 참조, pbs. acs.org/cen/coverstory/8123/8123biotechnologyb.html)으로서 2002년 10월 아이오아주 Non-GMO옥수수 경작지 및 네브라스카주 Non-GMO콩 경작지에서 GMO 옥수수가 발견됨. 발견된 GMO 옥수수는 프로디진사에서 돼지 백신을 제조하기 위해 재배된 것으로, 수확 후 완벽한 처리를 하지 못해 남겨진 종자가 자생적으로 성장한 결과임. 프로디진사는 옥수수와 콩을 모두 폐기해야 했으며, 그 폐기된 작물에 대한 막대한 손해 배상을 하였음.

한지 위험하지 않은지의 논쟁이 끝나지 않았다는데 있다. 사실 GMO의 위해성 논란은 한두 해가 된 것도 아니다. GMO는 인류의 기아문제를 해결할 수 있는 유일한 방법이라고 주장하는 찬성론자가 있는가 하면, 인체는 물론 환경과 생태에 치명적인 결과를 초래할 것이라고 주장하는 반대론자가 있기 때문이다. 이러한 끝없는 과학적 논쟁이 이어지고 있음에도 GMO는 시장에 판매되고 있고 생태환경에 노출되고 있어 문제가 되고 있다.

2. GMO와 농업문명

GMO의 과학적 장점이나 유해성 여부에 대한 논쟁 외에도 GMO의 등장이 정치경제 및 농업문명론적 관점에서 어떤 의미가 있는지를 살펴 볼 필요가 있다. GMO는 주로 몬산토나 신젠타와 같은 다국적 농 관련 기업에 의해서 개발되고 있음을 눈여겨봐야 한다. 이들은 이렇게 생산된 GMO를 이용하여 세계시장을 장악하려는 의도를 분명히 하고 있다. 그것은 종자의 독점과정에서 먼저 나타난다. GMO가 아닌 일반 농산물의 경우 수확물을 보관하였다가 다음해에 종자로 사용할 수도 있으나 GMO의 경우 그것이 불가능해 매년 종자를 새로 구입해야 한다. 최근 GMO가 중국이나 브라질에까지 확대보급 생산되고 있는바 이들 종자는 거의 미국산 GMO 종자를 구입하여 사용하고 있다.

지구상의 곡물 수출국은 미국, EU, 캐나다, 호주 등 선진국과 천혜의 자연조건을 가지고 있는 개도국인 브라질, 아르헨티나, 러시아를 비롯한 일부 동구권 국가에 한정되어 있다. 이들 농산물 수출 개도국들도 미래에는 선진국의 다국적 농관련기업에 종속될 우려가 높다. 왜냐하면 GMO 종자를 생산

할 수 있는 선진국의 거대 농관련 다국적 기업들은 자신들이 독점하고 있는 제초제 · 살충제 등과 함께 판매함으로써 종자 및 곡물생산까지도 종속시키려 하기 때문이다. 실제로 세계 최대의 GMO 생산 기업인 몬산토는 한국의 흥농종묘회사와 중앙종묘회사를 인수하여 한국 종자시장을 이미 상당부문 장악하고 있다. 이들의 목적은 명확하다. 한국처럼 농업기반이 취약한 나라의 농업을 중장기적으로 GMO 종자와 농약 등 화학물질로 장악하겠다는 의도이다.

곡물메이저들은 종자회사들과 연계하고, 농민과는 계약을 통해 가격 · 품종 · 맛 등 소비자가 원하는 특정 품종의 곡물을 생산해달라고 주문하는 경우가 대부분이다. 이 종자를 제공하는 회사가 바로 몬산토나 신젠타, 어벤티스, 바이엘 사이언스, 듀폰 등 다국적 종자 개발회사이다.

종자개발 분야에서 가장 적극적인 곡물메이저인 카길은 1999년 1월 몬산토와 손잡고 바이오 농산물회사 '레네젠'을 설립하기도 했다. 레네젠은 유전자 조작 기술을 이용, 영양분이 높으면서도 가공이 쉬운 곡물과 사료를 개발하고 있다. 21세기에는 단순한 곡물 판매–유통 기업에서 첨단생명공학을 이용, 고부가가치를 생산하는 기업으로 변신하겠다는 카길의 야심이 단적으로 드러난 것이다. 곡물메이저가 직접 GMO 개발에 손을 대는 경우는 많지 않지만 GMO 개발에 많은 역량을 투입하는 종자개발회사에 간접투자 함으로써 사실상 GMO 개발을 주도하는 경우가 많다.

곡물메이저들은 농식품 이외에 비농식품, 비곡물 분야에 까지 진출하고 있다. 카길은 제유, 배합사료, 축산, 제분, 제당 등 곡물 관련 분야를 비롯해 해운, 원면, 철강, 화학 부문에도 진출해 있다. 카길의 제유 부문 진출은 1934년부터 시작됐으며 미국뿐만 아니라 남미, 유럽 등에도 공장을 세워 그 생산 능력은 일본 제유 산업의 2배 이상에 달한다. 또 미국 곡물집산지마다 사료 공장을 세워놓고 있다. 카길은 축산 분야에도 오래전에 진출, 미국 제2위 육가공업체인 MJPXL을 인수해 이들 제품을 판매함으로써 유통 · 물류 부문에도 진출하고 있다. 카길은 1981년 9월 미국 제4위의 제분회사를 인수해 세계 제일의 제분회사로 탈바꿈하기도 했다. 코코아, 초콜릿 사업은 세계 6위권이며 심지어 금융업에도 진출해 있다.

카길뿐만 아니라 벙기Buuge도 초기에는 향신료 무역업을 하였으나 미국 내 제유공장을 갖추고 있으며 제분, 방적, 유기화학 분야에 뛰어든 상태다. ADM은 사료, 냉동후식, 감미료, 포도당 등 가공사업을 하고 있다. 루이 드레퓌스는 철도, 해운업을 하다 사업다각화의 일환으로 곡물 사업에 뛰어들었다. 콘아그라도 원래는 식품가공회사였다.

이들 곡물메이저들은 곡물 조달에 유리한 점을 이용해 사업 영역을 확장하고 있는 데 주로 곡물 거래와는 달리 시세 변동으로 인한 리스크는 크지 않고 비교적 안정된 수익을 기대할 수 있는 부문으로 확장을 꾀하고 있다. 즉 시세변동이 심한 곡물 사업으로부터의 위험을 분산시키기 위해 사업을 다각화하고 있다고 볼 수 있다.

사실 GMO가 인류와 환경·생태계에 대재앙을 가지고 올지도 모른다는 비판에 대해 GMO생산 농관련기업이나 선진국들은 인류의 만성적인 기아문제를 해결할 수 있는 중요한 수단이라고 항변한다. 해충과 잡초에 강하고 생육환경이 좋지 않은 척박한 땅에서도 잘 재배될 수 있는 GMO 작물을 개발하면 수확량을 증가시켜 식량위기를 극복할 수 있는 최선의 방법이라는 것이다. 이들은 GMO 반대론자들을 굶어 죽어가는 제3세계 사람들을 생각하지 않는 지극히 이기적이고 비도덕적인 사람들이라는 주장도 서슴지 않는다.

과연 그럴까. 이들이 설사 유용한 GMO종자를 만들었다고 하더라도 이 종자나 농산물을 식량이 부족한 제3세계국가들에게 무상으로 제공할 리가 만무하고 그런 경우도 없다. 대표적인 사례가 '황금쌀golden rice'이다. 이 황금쌀은 유전자 조작에 의하여 비타민A를 첨가한 기적의 쌀이라서 기아와 영양실조 문제를 해결할 수 있다고 선전해 왔으나 이 쌀은 이 지구상의 어떤 나라에서도 재배되지 못하고 있다. 특허를 가진 다국적 농관련기업들이 자신들의 지적재산권을 인정한 국가에만 관련 기술을 이전하겠다고 버티고 있기 때문이다. 인도적인 목적으로 개발된 쌀이 기업의 이윤 추구에 가로막혀 보급되지 못하고 있다.

그 밖에도 지난 30년간 인류는 녹색혁명을 통하여 식량 생산 능력을 두 세배 늘렸다. 그 결과 지구상의 모든 인류가 골고루 나누어 먹는다면 남는 양을 생산하고 있다. 그러나 전세계의 기아인구는 아직도 10억 명을 넘어서고 있고, 50억 인류가 식량문제를 해결하지 못하고 있다. 단순히 생산량을 증가시키는 기술의 발전으로 인한 물량의 증대와 기아문제의 해결과는 전혀 상관관계가 없음을 반증하고 있다. 그것은 다국적 기업과 선진국은 신자유주의의 이념인 경쟁력 시장주의와 물신주의에 함몰되어 자국 기업의 이익만을 추구할 뿐 인도주의자들이 아니라는 냉엄한 현실을 잘 보여주고 있을 뿐이다.

GMO 농산물과 종자를 개발하는 다국적 농관련기업과 선진국은 다수의 곡물수입국들의 국내 농업을 피폐화시키거나 GMO농산물로 전환케 하여 궁극적으로는 국제곡물시장을 장악하려는 검은 의도가 숨어 있음을 직시해야 한다. 식량전쟁의 또 다른 한 유형일 뿐이다. 우리시대 농업문명의 한 단면이다.

Ⅱ

세계화와 농업문명

05

세계화의 과정

1. 산업혁명과 세계화

17세기경 유럽문명의 세계화는 세계 곳곳의 식민지 개척과 이들의 착취로부터 시작되었다. 이를 기반으로 유럽국가들은 부를 축적하기 시작했으며 결국 18세기에 영국에서 산업혁명[51)]이 촉발되었다. 그 후 산업혁명은 세계 여러 지역으로 확산되었다. 산업혁명의 주요 특징을 기술적 · 사회 · 경제적 · 문화적 측면에서 살펴볼 수 있다. 기술적 변화로는 ① 철 · 강철과 같은 새로운 기본소재의 사용, ② 석탄 · 증기기관 · 전기 · 석유 및 내연기관과 같은 새로운 에너지원(연료와 동력)의 이용, ③ 제니방적기, 동력직조기와 같이 인력을 더 적게 들이면서 생산을 증가시킬 수 있는 새로운 기계의 발명, ④ 공장제로 알려진 새로운 작업조직체의 발달이에 따라 분업과 직능의 전문화가 신장되었음, ⑤ 증기기관차 · 증기선 · 자동차 · 비행기 · 전신 · 라디오 등을 포함한 교통과 통신의 중요한 발전, ⑥ 산업에 있어서 증대되는 과학의 응용 등이 있다.

---

51) 산업혁명이라는 용어는 프랑스의 학자들이 가장 먼저 사용했지만 처음으로 일반화된 것은 영국의 경제사가 아널드 토인비(1852~1883)가 1760~1840년의 영국경제발전을 설명하는 과정에서였으며 토인비 시대 이후 이 용어는 보다 광범위하게 적용되어왔다.

이러한 기술적 변화는 천연자원의 사용을 엄청나게 증가시켰으며 기계를 이용한 상품의 대량생산을 가능하게 했다.

비非공업 영역에서도 여러 가지 새로운 발전이 이루어졌는데 ① 더욱 많아진 비농업 인구에게 식량공급을 가능하게 하는 농업생산의 개선, ② 더 널리 부富를 분배하는 결과를 가져온 경제적 변화, 공업생산 및 국제무역 증대의 결과로 부의 원천으로서 토지가 갖는 중요성의 감소, ③ 산업화된 사회의 필요에 상응하는 새로운 국가정책과 아울러 경제력의 변천을 반영하는 정치적 변화, ④ 도시의 성장과 노동운동의 발전, 새로운 유형의 권위 출현 등을 포함한 포괄적인 사회적 변화, ⑤ 폭넓은 사회질서의 문화적 변형이다. 노동자는 손으로 다루는 연장을 가지고 일하던 방식 대신 기계를 조작하게 되었으며 공장의 규율에 예속되었다.

산업혁명은 경제혁명이면서 동시에 사회혁명으로서 특히 산업자본가부르주아지와 임금노동자프롤레타리아의 두 계급을 형성시켜 전통적인 지배계급이었던 지주계급젠트리을 포함하여 3개의 사회 계급을 만들어냈다. 더욱이 상류 지주계급이었던 귀족과 중산계급인 부르주아지는 둘다 유산계급이 되어 서서히 자기들의 이해관계를 일치시켜 나갔다. 또한 산업혁명은 17세기까지 총인구의 3/4을 차지하고 있던 농민인구의 비율을 감소시켜 도시 주민의 비율을 늘어나게 했다.

따라서 근대적인 두 계급의 형성과 도시화라는 현상은 서민생활에 커다란 변화를 가져왔다. 특히 공장 노동자의 경우 저임금과 오랜 노동시간은 큰 문제가 되었으며 12시간 노동을 규정한 1833년의 공장법[52]이 이를 잘 설명해준다. 또한 초기의 공장법은 여성과 유약자의 노동을 특히 보호의 대상으로 했다. 그러나 산업혁명기에 생성된 사회적 문제는 일정한 시간 동안 집중적인 노동을 해야 하므로 노동자와 가족과의 유대가 현저히 약해져 사회적 문제가 되었다.

산업혁명 이전의 농업노동이 축제나 여가생활과 혼연일체가 되어 있었던 것에 비해 이제는 노동시간과 여가시간과의 구분이 명확하게 된 것이다. 따라서 노동자로서는 노동시간의 단축이 당연한 요구가 되기에 이르렀다. 산업혁명 이후 부녀자와 아동도 생산현장에 투입되면서 전통적인 가족구조가 붕괴되기 시작했다. 생산단위인 가족의 붕괴는 가족의 직업훈련기능이 상실됨을 뜻했다. 따라서 가정이나 공동체, 그리고 길드[53]가 가지고 있는 교육기능이 상실된 이상 공적인 초등교육 제도가 정비된 1870년까지 민중의 교육 수준은 낮을 수밖에 없었다.

산업혁명에 의한 도시화의 진전은 서민생활에 커다란 변화를 가져왔다. 당시의 노동자는 일반적으로 먼 곳으로 취업해 나가는 경우가 별로 없었으나 산업혁명 이후 도시의 산업지구로 이전하는 경향이 두드러졌다. 따라서 영국 전체의 인구 중심은 랭커스터와 미들랜드에 산업도시가 여럿 생겨나면서 북서부 지방으로 이동했다. 그러나 개개의 노동자는 원 공동체와의 관계를 될

52) 공장법이란 산업형명이 진행되면서 공장에서 비인도적 처우를 받는 아동의 노동조건과 환경을 개선하기 위한 법으로 최초의 아동복지법의 성격을 가짐. 1833년 공장법에서는 9세 이하의 아동을 고용하는 것을 금지한 법임.

53) 길드(gild)는 수공업자나 상인들이 부조와 보호 및 직업상의 권익증진을 위해 결성한 조합으로 11~16세기 유럽에서 번성하여 당시 경제 · 사회구조의 중요한 일부였다.

수 있는 한 유지하고 싶어 하여 고향에서 가까운 도시에만 취업하는 경향이 있었다. 반대로 신흥도시에서는 공동체적 유대가 훨씬 약했다. 주택문제, 상·하수도, 가로등, 공원, 소방, 경찰 등의 제시설·제도의 정비 이상으로 공동체적 유대의 확립은 산업혁명기 대도시의 최대과제가 되었다.

산업혁명은 생산수단의 소유형태에도 큰 변화를 초래하였다. 소수에 의해 독점되던 생산수단이 이제 개인이나 보험회사와 같은 기관들이 일반기업들의 주식을 매입함으로써 소유권이 폭넓게 배분되었다. 또한 정치이론에서도 변화가 있었는데 산업혁명 초기에 사회적·경제적 사상을 지배했던 자유방임주의 대신 정부는 일반적으로 더욱 복합적인 산업사회의 요구에 부응하기 위해 사회적·경제적 영역에 뛰어들게 되었다브리테니커.

산업혁명 이후 영국을 비롯한 유럽제국은 식민지와의 자유무역을 강조하면서도 자국의 제조업을 보호하고 수출하기 위해서 19세기 중반까지는 고도의 보호무역 국가였다. 1820년 영국의 수입공산품에 대한 평균 관세율은 45~55%였고, 식민지에서는 일체의 선진 제조업은 할 수 없도록 금지령을 내렸는가 하면, 식민지들이 자국의 제품과 경쟁하게 될 만한 제품을 자국이나 해외로 수출하는 것을 금지하기 까지 했다.[54)]

1945년 제2차 세계대전이 끝나자 세계의 패권은 영국에서 미국으로 이동하였으며, GATT체제가 세계경제를 주도하면서 자유무역이 더욱 강조되기 시작했고, 미국, 영국 등 선진국들은 1950년대부터 1970년대까지 관세장벽을 크게 낮추기는 했다. 하지만 그들은 이 시기에 자국의 경제발전을 촉진하기 위해 각종 보조금, 국영기업, 은행 대출에 대한 정부개입, 자본통제 등의 정책도 병행했다.[55)]

---

54) 장하준, 나쁜 사마리아인, 2008, p.77
55) 장하준, 앞의 책, p.51

이 시기1960~1970년대에 개도국들의 정책기조는 GATT체제하라 하더라도 보호무역과 국가개입이었으며 이 시기의 개도국들의 국민소득이 3.0%나 증가 했다. 이는 19세기 산업혁명 당시 부자나라들이 달성했던 1~1.5%의 경제성장률보다 뛰어난 것이다.[56] 이는 당시 개도국들이 첫 번째 세계화(1870~1913) 시대의 자유무역정책하에서 달성했던 성장률보다 엄청나게 높은 것이며, 1980년대 이후 본격적으로 등장한 신자유주의 정책기조를 도입한 개도국들의 경제성장률의 2배에 해당된다.[57]

2. WTO 체제의 등장

제2차 세계대전이후 국제경제 질서를 이끌어 왔던 GATT체제하에서는 농산물시장의 개방은 비교적 유보적이었다. 그러나 1950년대 이후 1970년대까지 국제 농산물은 전쟁이후 각국의 경제성장으로 인한 수요의 급증으로 공급이 늘 부족한 시기였다. 그렇다 보니 1970년대에는 세계적으로 농업보호정책이 가속화되었다. 미국과 EU는 물론이고 대부분의 개도국, 구소련을 비롯한 동구권 국가들까지도 농업보호를 통한 농산물 생산증대에 진력한 시대였다.

1980년 들어 선진국들은 세계적인 농산물 과잉생산과 이에 따른 과잉재고, 그리고 국제농산물 가격의 하락, 재정부담의 가중 등의 문제로 골머리를 앓게 되었다. 특히 이러한 과잉농산물재고의 처리를 위해 미국과 EU간의 경쟁적인 수출보조금export subsidy[58] 전쟁이 가속화되었다. 과도한 수출보조금

---

56) 장하준, 앞의 책, p.52
57) 장하준, 앞의 책, p.102
58) 농산물을 수출할 때 지급하는 보조금.

경쟁은 결국 이들 두 나라의 재정 상태를 악화시키는 주요 요인이 되었다.

이렇게 되자 미국과 EU는 GATT 체제에서는 자유무역 예외 품목이였던 농산물도 자유무역 품목으로 설정하여 이들 국가들의 과잉농산물을 적극 수출하자는 데 의기가 투합하였다. 그것이 UR 농산물 협상을 시작하게 된 정치적 요인이었다고 볼 수 있다.

이러한 이면에는 다국적 곡물메이저들이 그들의 과잉재고 처리를 위한 정치적 압력과 로비가 내재된 것이기도 하다는 것이 일반적인 인식이다. 이러한 배경에 의하여 GATT의 8번째 다자간 협상인 UR 협상은 우루과이의 푼타 델 에스테에서 1986년 9월에 시작하여 1993년 12월 모로코의 마라캐쉬에서 타결되었으니 거의 7년만의 일이였다. 그리고 1995년 1월 WTO가 정식으로 출범하여 오늘에 이르고 있다.

주요 UR협상의 결과를 보면[59] 첫째, 관세인하시장접근분야 부문에서는 농산물수입제한조치는 관세화하고 이를 이행 기간 동안 매년 감축하기로 했다. 관세 및 관세상당액TE[60] 감축의 이행 기간을 보면 1995년부터 2000년까지 6년 동안단 개도국은 10년으로 하며, 감축 폭은 6년 동안 36%단 개도국은 3분의2 수준를 균등하게 감축토록하고 품목별 최소 감축률은 최소 15%개도국은 최소 10%로 하였다. 관세화된 품목에 대해 일정물량은 낮은 관세로 수입을 허용하는 최소시장접근MMA 등 저율관세쿼타TRQ를 제공하기로 했으며, 개방 이후 수입물량이 급증하거나 수입가격이 급락할 경우에는 특별긴급관세SSG[61] 부과를 허용하였다.

---

59) 농림부, 2004 쌀 협상, 2004.4, pp.13-14

60) 관세상당액(tariff equlvalent)이란 비관세조치에 의해 보호된 액수를 관세로 환산한 액수를 말하며, 일반적으로 국내외 가격차에 근거하여 계산함. 즉, 특정한 비관세 장벽과 효과면에서 실제로 동등한 관세수준을 말함.

둘째, 국내보조 및 수출보조 감축부문의 경우 국내보조는 생산에 영향을 미치거나 가격지지 효과가 있는 감축대상보조yellow box subsidy와 직접지불 등 감축의무가 없는 허용대상보조green box subsidy 등으로 분류하고 수출보조는 재정지원액과 물량을 일정기간 감축하기로 했다. 감축대상보조는 1995년부터 2000년까지 6년간개도국은 2004년까지 10년간 현재의 지원액에 대해서 20%개도국은 3분의 2 수준를 감축해야 하며, 적용되는 기준연도는 1986~1988년 평균지원액이다.

그리고 감축수단은 국내농업보호수준을 계측하기 위해 고안된 농업보호총량측정장치AMS : Aggregate Measure of Support에 의해서 측정된 농민에게 수혜된 보조총액이 사용된다.

허용대상보조는 공공재정으로 농업 · 농촌의 비교역적 기능에 대한 직접지불이 가능한 보조와 생산조정에 의한 생산자 보조blue box subsidy 등으로 구분된다.

한편 품목 특정적 AMSProduct Specipific AMS가 해당품목 생산액의 5% 이하이거나 품목불특정 AMSNon Product AMS가 농업총생산액의 5% 이하일 경우에는개도국은 10% 이하 감축의무를 면제하는 소위 최소허용보조de minimis를 인정하고 있다.

수출보조 감축의 경우 대부분 선진국이 사용하던 보조금으로 6년간의 이행 기간 동안에 재정지출은 36%, 물량은 21% 감축해야 하고 개도국은 그 감축률을 3분의 2 만큼 완화하는 것으로 되어 있다. 그러나 수출보조의 감축방법은 국내보조나 시장개방분야보다 매우 융통성을 허용하고 있다.

셋째, 다만 쌀은 관세화 예외를 인정받아 10년간1995~2004 관세화 개방을 유예하는 대신 2004년 중 유예 연장여부를 협상하기로 했다. 그 대신 의무수입물량MMA을 소비량의 1%에서 시작하여 2004년에는 4%인 20만 톤까지 수입

---

61) 특정 농산물의 수입량이 급증할 때 정해진 기준을 초과할 경우 부과할 수 있는 관세

하기로 약속하였고[62] 수입된 쌀은 식용으로 시중에 판매되지 않고 가공용으로만 이용하기로 했다. 이로부터 10년이 지난 2005년부터 2014년까지 10년간 다시 쌀 관세화 유예는 연장되었다. 이러한 쌀 관련 협상내용은 '농업협정 부속서 5'에 명시되어 있는 바, 이를 원용하는 품목은 식량안보 또는 환경보전 등의 비교적 기능Non Trade Concerns : NTC을 반영하는 품목으로 한정되어 있다.

WTO 체제하에서는 UR협상의 결과로 부과하고 있는 관세나 보조금을 좀 더 낮추자는 협상이 2년에 한 번씩 각료회의를 통하여 논의해 나가는 과정을 거치고 있다. 그러나 1999년 시애틀 각료회의는 세계 시민사회단체의 격렬한 저항 속에 회의 안건 상정조차 이루어지지 못하고 결렬되었다. 2001년 도하각료회의에서는 세부원칙Modality[63]은 합의에 이르지 못했으나 느슨한 형태의 합의문은 타결이 되었다. 2년 후인 2003년 칸쿤각료회의도 세계 농민들과 시민사회단체들의 격렬한 저항[64]으로 세부협상을 타결하지 못하였고, 2005년 홍콩각료회의도 마찬가지였으며, 드디어 2006년 DDA협상의 결렬을 선언하기에 이르렀다.

이와 같이 DDA협상이 세부원칙 합의에 도달하지 못하고 있는 가장 큰 이유는 미국과 EU 등 농산물 수출 선진국들이 지급하고 있는 보조금 문제때문이다. 특히 브라질, 중국 등 농산물 수출 개도국들이 선진국들이 과도하게 지급하고 있는 농업부문 보조금의 감축 없이는 자국의 관세를 인하할 수 없다는 강경한 입장을 고수하고 있고, 선진국들은 농업부문 보조금을 줄일 수 없다는 의견이 팽팽히 맞서고 있어 2010년 현재까지도 타결이 이루어지지 못

62) 의무수입물량은 1995년 51천톤(1%), 1997년 77천톤(1.5%), 1999년 103천톤(2.0%), 2000년 103천톤(2.0%), 2001년 128천톤(2.5%), 2002년 154천톤(3.0%), 2003년 180천톤(3.5%), 2004년 205천톤(4.0%)임.

63) 의제설정에 필요한 기본원칙

64) 당시 우리나라의 이경해 농민이 WTO 체제에 항의하며 자결하였음.

하고 있고 앞으로도 타결이 어려울 것으로 전문가들은 보고 있다.

20세기 말에 등장한 WTO 체제는 이제 세계 각국의 농업 · 농촌부문에 기후환경 변화에 못지않은 강력한 영향을 미치고 있다. 그것은 제3세계 국가들의 농업 피폐화와 기아 · 기근의 문제, 그리고 다국적 농식품 기업과 종자 기업의 괄목할만한 신장 등이다.

06

제3세계 국가의 농업피폐화와 기아 · 기근

1. 세계적 식량위기와 애그플레이션

옥수수, 콩, 밀, 쌀 등 곡물가격은 작황이나 기후요인에 의해 어떤 해는 오르기도 하고 또 어떤 해는 떨어지기도 한다. 세계 전체적으로 볼 때 국제가격이 오르내리는 것은 오히려 자연스러운 현상이다. 그러나 2008년 온 지구 전체가 겪었던 곡물가격의 폭등과 혼란은 기후환경 변화에 의한 단순한 작황이나 의례적인 현상이 아니라 세계화에 따른 신자유주의 세계경제로부터 파생된 구조적인 문제라는 데 의미가 크다.

2005년 평균가격과 2008년 8월 가격을 비교해 보면, 밀은 150%, 옥수수는 48.7% 폭등하였다. 특히 2007년부터 오르기 시작한 곡가는 2008년 들어 급상승했다. 세계 최대 쌀 수출국인 베트남과 태국에서는 2008년도 쌀값이 2001년에 비해서는 5배, 2007년에 비해 3배 이상 올랐고 중국과 이집트, 인도도 내수 재고를 비축하기 위해 2008년 쌀 수출을 줄여 쌀값 폭등을 초래했다. 특히 세계 1위의 쌀 수출국인 태국산 쌀값은 2007 평균 톤당 334달러였으나 2008년 들어 세 배 이상 치솟았다. 베트남산 쌀 가격도 2007년 12월 톤

당 355달러에 거래됐으나 4월 610달러로, 인도산 쌀 수출가격은 톤당 500달러에서 650달러로 폭등하였다.

이러한 곡물가격의 폭등은 대부분의 식량을 수입해야 하는 제3세계 국가들에게 결정적인 충격을 가하게 되어 있다. 2006년 중반부터 시작된 국제 곡물가격 급등현상이 2009년까지도 지속되었고 2010년에는 다소 하락하였으나 평균적으로 약 50% 정도 급등해 있다. 곡물가격 급등은 축산에도 영향을 미쳐 '곡물값 폭등 → 사료값 상승 → 축산농가 수익성 하락 → 육류 · 달걀 · 유제품 생산축소 → 축산물 가격 폭등'의 악순환을 만들고 있는데 이를 농업agriculture발 인플레이션inflation이라는 의미의 '애그플레이션agflation'이라고 한다. 국제곡물의 수급 불균형에 따른 재고량 급감으로 시작됐기 때문에 엥겔계수소득 대비 음식료 지출비중가 높은 최빈 개도국에서부터 곡물수요가 급증하는 신흥 개도국, 곡물을 수출 · 수입하는 선진국까지도 영향을 받았다.

세계 곡물수급은 1990년대 이후 생산증가가 소비증가를 따라잡지 못해 재고가 급격히 줄고 있다. 2000년 약 6억톤이던 곡물 재고량은 2008년에는 약 3억톤으로 약 절반 가까이나 줄었다. 일반적인 농산물 가격상승은 공급물량 감소로 인해 생기는 '희소성의 문제'이지만 21세기에는 지구 전체적으로는 공급물량이 증가하는데도 가격이 오르는 '풍요 속의 문제'라는 차별성이 있다. 농산물 생산과 공급은 주로 선진국에서 증가하고 있으나 이를 소비하기 위해 수입해야 하는 국가는 제3세계 국가들이라는 점에서 세계 곡물파동에 따른 물가상승의 고통은 이들 국가들이 더 크게 받을 수밖에 없는 구조이다.

자국 곡물공급이 위태로워질 수 있다는 공포가 엄습하면서 주요 곡물생산국은 본격적인 물량 및 가격 통제에 나섰다. 2010년 현재 식량가격 폭등 때문에 12년래 최악의 인플레를 겪고 있었던 중국은 주요곡물에 수출관세를 부과하었으며 쌀은 아예 수출을 금지했다. 생필품인 우유 · 빵 · 계란 · 라면은 정부가 직접 가격통제에 나섰다. 동남아 최대 쌀소비국인 인도네시아도 쌀수출을 금지했다. 향후 국내 재고량이 300만톤 이상, 국내 쌀값이 정부 목표치 이하로 낮아질 경우에만 수출을 허용하기로 했다. 아프리카 기니는 곡물뿐 아니라 모든 가축, 목재, 유류에 대해 수출금지령을 내렸다. 대표적인 콩 수출국인 아르헨티나가 44%의 수출관세를 부과하자 원자재 수입관세와 지방세 등 총 판매액에서 세금이 차지하는 비중이 73%로 치솟기도 했다.

2. 제3세계 국가들의 식량안보 위협[65]

아프리카 대륙

2008년 심각한 식량파동을 겪었던 아프리카 대륙의 제3세계 국가들의 식량실태를 살펴볼 필요가 있다. 이집트에서는 값싼 정부 배급 빵을 받으려고 3~4시간씩 줄을 서던 사람들이 지쳐 쓰러지거나 싸움이 붙어 7명이 숨졌다. 교수 · 의사 등 상류계층들도 거리시위에 나서기도 했다. 이집트 국립대학 교수들은 식료품 가격이 50% 이상 폭등하자 급료 인상을 요구하며 파업을 단행했다. 식량 수급을 위한 지출과 물가상승으로 인한 임금인상 단행으로 예산이 부족하게 된 이집트 정부는 식량 배급을 중단하고 식료품 수당으로 대체하였다. 이에 빵 가격이 35%, 식용유가 26% 올라 폭동으로 비화했다. 카이로 북쪽 도시 마할라에서도 대규모 시위가 발생, 경찰이 최루탄을 발사하는 등 진압과정에서 폭력사태가 발생하기도 했다. 국민7600만명 중 40% 가량이 하루 2달러 미만으로 연명하고 있는 이집트는 2008년에 쌀값과 식용유 등 생필품 가격이 2배 가까이 폭등했다.

코트디부아르, 모잠비크 등 에서도 식량부족에 따른 시위와 폭동이 일어났다. 아프리카 북동부에 위치한 아프리카 중서부 카메룬에서는 물가폭등에 항의하는 폭동으로 40명이 사망했고, 식량 배급을 둘러싼 충돌로 사람들이 숨졌다. 부르키나파소에서도 물가인상에 반발하는 노동자들의 파업이 전국적으로 일어났으며 아프리카 서 · 북부에 위치한 모리타니에서 인명피해가 야기된 폭력사태가 있었고, 세네갈과 부르키나파소에서도 물가오름세에 반발하는 격렬한 시위가 끊이지 않았으며, 기니, 모리타니 등에서는 밀가루 부족

---

65) 윤석원, 농산물 시장개방의 정치경제론. 한울. 2008.

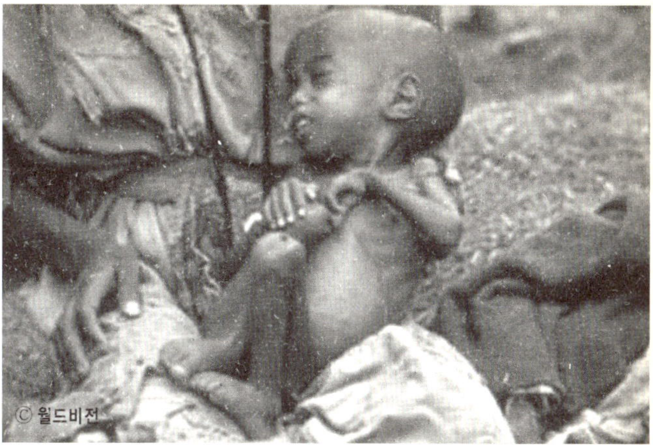

기아 인구는 2009년 6월 기준으로 10억 2천만 명에 달해, 전년 같은 기간의 9억 6천 200만 명에 비해 5천여만 명이 늘어났다. 이는 전세계 인구 6명 가운데 한 명이 굶주림 속에서 살아간다는 이야기다.

등으로 폭동이 일어났다. 세계식량계획WFP에 의하면 아프리카 수단에서는 WFP의 구호식량을 수송하던 3명이 2008년 3월 25일 강도에게 습격당해 사망했으며 구호식량을 실은 트럭 56대가 납치당하고, 트럭 36대는 실종됐으며 24명의 운전사가 행방불명됐다.

아프리카 국가 중 라이베리아 외에 나이지리아 세네갈 코트디부아르 등이 세계 10대 쌀 수입국으로서 세계 1, 2위인 태국과 베트남이 수출금지조치를 취하자 큰 타격을 입었다. 특히 쌀을 많이 소비하는 아프리카 일부 지역은 패닉 상태에 빠져 반정부 시위와 폭동 양상으로 이어졌다. 2008년 초에 비해 쌀 가격이 5배 이상 폭등하자 빈곤과 기아에 시달리는 아프리카 대륙의 많은 나라들이 큰 충격을 받았다. 카리브해의 빈국 아이티에서는 8일 굶주린 빈민들이 대통령궁으로 몰려가 르네 프레발 대통령의 사임을 요구하며 시위를 벌였고, 남부 항구도시 레스 가예스에서 촉발돼 수도로까지 확산된 아이티 식량폭동으로 최소 5명이 사망했다.

아시아 대륙

쌀을 주식으로 하는 아시아 대륙의 많은 나라들이 쌀 가격이 2008년 들어 톤당 200달러에서 1,000달러를 넘어서자 심각한 식량위기 상황을 겪었다.

가난한 아시아 나라들에서는 쌀값 폭등이 정치 · 사회적 불안을 가속화 했다. 세계 최대 쌀 수입국인 필리핀은 식당에서 제공하는 쌀밥을 절반으로 줄이도록 의무화했으며 국민의 80%가 쌀을 주식으로 하고 있는 상황에서 쌀값이 폭등하자 졸리비 푸드와 차우킹, 맥도날드 등 주요 패스트푸드 체인점에서 서비스하는 쌀밥을 절반으로 줄이도록 하는 지침을 내리기도 했다. 뿐만 아니라 1인당 하루 4kg로 쌀 배급을 제한하기도 했다. 당시 쌀 부족분 180만~210만 톤을 수입하는 것도 태국이나 베트남이 수출을 금지하고 있어 여의치 못하게 되어 필리핀에서는 빈민층을 중심으로 치솟는 쌀값에 대한 불만이 고조 되었다.

인도네시아에서는 2008년 1월 국제 콩 값이 최고치를 기록하자 인도네시아 식품 회사들은 공장 가동을 중지했고 노동자들은 항의시위를 벌였다. 방글라데시에서는 주식인 밀가루 값 급등으로 공급이 부족해지자 서민경제가 더욱 불안해졌다. 말레이시아는 식량의 전략적 비축을 계획하고 있다. 세계 제1의 쌀 수출국인 태국에서도 일부 슈퍼마켓은 1인당 쌀 판매 상한을 설정했다. 인도의 경우 '녹색혁명'에 주력한 끝에 지난 70년대 이후 식량 수입 의존을 크게 줄였으나 2006년부터 상황이 악화되기 시작해 6년만에 2008년에는 밀을 다시 수입하기 시작했다. '녹색혁명'으로 1970년대 이후 식량 수입 의존도를 대폭 낮췄지만 2년 전부터 상황이 악화돼 6년만에 밀을 수입하는 등 극심한 식량 부족 사태를 겪고 있다. 인도와 파키스탄의 국내 수요 증가로 수출이 줄자, 유럽과 중동에서도 고급쌀 품귀 현상이 발생했다. 파키스탄은 1980년대에 중단한 식량배급 카드제도를 다시 도입하기도 했다.

중국은 2008년 초 쌀을 비롯한 주요 식량의 수출 제한에 들어갔다. 중국의 경우 개혁 · 개방 이후 공업화가 급진전되면서 쌀과 밀 옥수수 콩대두 등 주요 곡물의 경작지 면적이 계속 감소한 반면 식량 수요는 증가하면서 수급 상황이 악화되고 있다. 세계 최대의 쌀 생산국인 중국에서 쌀이 품귀현상을 보이며 가격이 급등하고 있는 것은 운송난과 쌀 사재기, 그리고 중국 정부의 관리 소홀이 겹쳤기 때문이었다. 세계 곡물 파동이 확대되면서 거대 곡물 생산국이자 동시에 수요국인 인구 13억 명의 중국은 지금까지는 대부분의 식량을 자급해 세계시장에 큰 영향을 주거나 받지는 않아 왔다. 그러나 쌀, 콩 등을 비롯한 일부 곡류는 중국 내 수요 증가가 국제가격 폭등으로 이어졌다. 2007년 중국의 곡물 가격은 전년 대비 전체 물가 상승률 4.8%보다 높은 6.6% 가량 올랐다. 2008년 들어서는 소비자 물가가 급등하고 국제시장의 곡물 가격이 치솟으면서 안팎으로 가격 상승 압력을 받고 있었다. 이에 따라 중국 정부는 '2008년 중국식량시장전망회의'를 열고 곡물가격 안정 및 식량 안보상황 긴급 점검에 나서기도 했다.

2007년에 이미 농산물 가격이 평균 30% 이상 급등한 아랍에미리트연합UAE 정부는 이를 진정하기 위해 주요 식품의 가격 상한제를 도입했고, 가장 많이 소비되는 인도 · 파키스탄 산 바스마티 쌀의 가격을 145디르함39kg기준 · 40달러으로 제한하는 등 계란, 닭, 생수의 소매가 상한선을 정했다. 정부가 정한 상한가격 이상으로 판매하다가 적발되면 1만디르함2천 723달러, 사재기를 하면 2만디르함5천 446디르함의 벌금을 부과하기도 했다. UAE뿐 아니라 걸프지역 국가가 농산물 가격 급등에 따른 인플레이션 압력이 시달리고 있는데 이는 이 지역이 농작물 재배에 적합하지 않은 고온 건조한 사막기후인 탓에 쌀 등 식량 자원을 대부분 수입에 의존하기 때문이다. 에너지 시장에선 칼자루를 쥐고 있지만 식량 안보 면에서는 취약한 걸프 지역 산유국의 또 다른 모습이다. 아프가니스탄은 2007년 밀 수입량을 연간 10만 톤에서 60만 톤으로 6배 늘렸다. 이 나라는 가뭄과 홍수로 밀 수확량이 줄어든 데다 시장 방출용 밀도 바닥난 것으로 알려졌다.

남미 대륙

식량수출국인 아르헨티나에서는 정부가 콩 수출을 금지하기 위해 콩 수출세를 35%에서 45%로 인상하자 농민 수천명이 고속도로 150여 곳을 막고 시위를 벌이기도 했다. 아르헨티나 정부의 세금 인상으로 수익이 떨어지게 된 농민들이 거세게 반발한 것이다. 페루의 군대에서는 밀가루 대신 감자가루로 만든 빵을 주식으로 먹기도 했다. 아이티에서는 파스타 가격이 두 배 가까이 뛰자, 가족 6명이 하루에 옥수수가루 캔 2개로 끼니를 때우기도 하는 사태가 발생했다. 아이티의 상원은 식료품 가격폭등의 책임을 물어 자크 에두아르 알렉시스 총리 해임안을 의결했고 분노한 시민들이 수도 포르토프랭스 등지에서 항의시위를 했으며, 저지하는 유엔평화유지군을 물리치고 대통령궁으로 몰려드는 등 사실상 전국이 마비되기도 했다. 인구의 80% 이상이 하루 2달러 이하로 살아가는 이 나라에서는 주식인 쌀값이 한 주간 무려 2배나 치솟는 등 심각한 식량파동을 겪고 있다. 멕시코에서는 주식인 옥수수 품귀현상으로 일명 '토르티야 폭동'이 일어났다.

원조

2008년 세계적 식량파동은 식량의 원조 활동에도 영향을 미쳤다. WFP는 곡물가격이 서너배씩 치솟게 되자 예산이 증가하지 못해 원조물량을 줄일 수밖에 없는 상황에 처하게 되었다. WFP는 최빈국 지원을 위해 더 많은 기금을 마련하기 위해 세계 각국에 긴급지원을 호소하기도 했고 아이티의 170만명에게 식량을 지원하기 위해 필요한 자금 9,600만 달러 중 13%인 1,240만 달러밖에 확보되지 않아 지원에 어려움이 있음을 호소하기도 했다. 뿐만 아니라 중산층의 도시민들에게까지 지원하지 못하게 되자 '새로운 기아지대'가 출현한다는 말이 회자되기도 했다. 식량이 있음에도 가격이 비싸 살 수 없는 계층의 사람들이 늘어나고 있다는 의미이다.

3. 제3세계 개도국들의 농업생산기반 붕괴[66]

이상에서 살펴본 바와 같이 심각한 식량파동을 겪고 있는 나라는 대부분 식량수입국들인 개발도상국이나 제3세계 국가들임을 알 수 있다. 특히 아시아, 아프리카 등 가난한 나라 서민들에게 치명적이다. 식량파동은 결국 이들 나라의 생존의 문제로 귀결된다. 특히 아시아 국가들은 쌀 전쟁의 위험으로까지 내몰리고 있다. 세계 최대 수출국과 수입국이 공존하고 있고 쌀이 주식이기 때문이다. 아시아 국가들이 최근 겪고 있는 식량위기의 원인을 아시아 국가들의 정책실패에서 파악하려는 주장도 있다. 아시아개발은행ADB 이프잘 알리 수석 이코노미스트는 "식량값의 폭등은 아시아에 대한 경종"이라며 "아시아 국가들은 그동안 경시해온 농업을 육성하도록 정책을 수정해야 한다"고 촉구하고 있다. 그동안 아시아 국가들은 경제성장 우선이라는 목표 아래 제조업 위주의 성장정책에 최우선을 둔 반면에, 농업 · 농존에 대한 투자와 지원 정책은 소홀히 하였기 때문이라는 주장이다.

그동안 아시아 정부들의 농업정책은 생산량을 향상시키거나 경작지를 늘리는 대신에 사회 불안을 피하기 위하여 농산물 가격만을 낮춰 왔으며 이에 대한 농민들의 불만을 가라앉히기 위하여 보조금을 지급하는 수준에서 벗어나지 못했다. 유엔 아태경제사회이사회UNESCAP의 보고서에 의하면 아시아의 농업 경시 정책이 빈부의 차를 더욱 심화시킨 것으로 나타났다. 지난 1980년

---

66) 윤석원, 농산물 시장개방의 정치경제론. 한울. 2008.

대 2.5%, 1990년대 2.2%였던 농업생산성은 2000년에서 2002년 사이 기간동안 1%까지 떨어졌는데 이에 따라 세계 빈민층의 2/3인 6억 4100만 명의 빈민층이 아태 지역에 분포하며 이중 70%가 농촌 지역에 밀집되어 있다.

아시아 · 태평양국가들은 90년대 이후 개방화, 세계화에 힘입어 다른 지역에 비해 급성장했으나 국가간 소득의 불균형과 빈곤인구를 획기적으로 줄이는 데는 실패한 것으로 나타났다. 유엔개발계획UNDP 아시아태평양지역본부는 '2006 아태인간개발보고서'에서 아태지역 국가들은 1990년부터 2003년 사이 세계적인 무역자유화에 영향을 받아 7.6%의 급성장을 이룩했으며 이는 같은 기간 남아시아의 5.4%, 라틴아메리카의 2.7%, 중동과 북아프리카의 3.2%에 비해 매우 높은 수준이라고 발표했다.

그러나 자유무역이 이처럼 아태지역의 급성장을 가져왔음에도 국가간 성장의 불균형과 함께 아직도 이 지역에는 하루 1달러 이하로 생활하는 인구의 수가 2억 5천만 명에 이르고 있다. UNDP는 "이러한 원인은 자유무역의 혜택을 지역의 강대국인 중국과 인도 등 일부 개발국가들이 차지하고 있기 때문인데 인근 빈곤국가들은 전체적인 무역고와 경제규모는 커졌으나 중국에 대한 무역 역조 심화 등으로 국가간, 계층간 소득의 격차는 점차 커지고 있다"고 분석했다.

이 지역에서 가장 성장의 성과를 누리지 못하는 국가는 아프가니스탄, 방글라데시, 부탄, 캄보디아, 동티모르, 키리바티, 라오스, 몰디브, 미얀마, 네팔, 사모아, 솔로몬군도, 투발루, 바나투 등이다. 이들 국가들은 기본 인프라와 기술인력의 부족으로 수출은 소폭으로 증가하지만 수입은 크게 늘어나고 있다.

UNDP는 또 이 지역 국가들이 자유무역의 영향으로 공업화에 치중, 농업을 경시함으로써 세계적인 식량난이 우려된다고 밝히고 자유무역을 추구하더라도 후진국들은 정부의 지도 아래 식품수입에 대해서는 관세를 유지하는 등 최소한의 생계를 보장할 수 있는 조치는 마련해야 한다고 강조했다. 보고서는 또 이들 국가들이 무역으로 벌어들인 외화를 인프라 구축과 농업과 지역을 개발하는 연구프로그램 등에 투자해야 한다고 강조하고 있다.

결국 이들 제3세계 개도국들이 식량파동을 겪는 것은 제조업 위주의 경제성장과 농업 · 농촌부문 투자 · 지원 정책의 소홀 때문이라는 분석이다. 정확한 지적이다. 그러나 이러한 지적은 매우 평면적이고 결과론적 분석에 불과하다. 왜 이들 국가들이 제조업 중심의 경제성장을 추구할 수밖에 없었는가, 왜 농업 · 농촌부문을 소홀히 하게 되었는가에 대한 구조적 · 본질적 접근이 아니다. 이러한 상황들이 벌어진 근본원인은 WTO 체제가 추구하는 농산물 시장의 완전개방이며 선진국 주도의 국제농산물 시장의 왜곡에서 찾을 수 있다. 생활수준의 향상을 위해서는 제조업 중심의 소득제고 정책이 최우선 순위이고, 농업은 경쟁력이 없으니 비교 우위에 의하여 국내 농산물보다는 값싼 외국 농산물을 수입하면 소비자 후생이 증대한다는 선진국들의 개방논리를 답습한 대가이다. 또 그렇게 만든 장본인이 바로 선진국들이라는 이야기다. 이러한 근본적인 원인은 언급하지 않고 일방적으로 수입국과 개도국들의 정책실패에서 식량파동의 원인을 파악하려 하는 것은 옳지 않다. 강대국들의 식량 무기화 전략의 희생자들이라는 의미이다. 그 논리를 그대로 받아들인 국가들에게도 문제가 전혀 없다고 말할 수는 없겠지만, 가장 큰 책임은 선진국들의 무차별적 개방 논리에 있다.

이에 반해 농산물 수출 선진국들은 그동안 다져온 국제곡물시장에서 크게 이득을 취하고 있음을 알 수 있다. 즉, 2008년 현재 미국 농가는 오히려 최대 호황을 누리고 있다. 2008년 5월 농무부USDA가 발표한 '2017년까지의 농업 전망' 보고서에 따르면 2007년 미국농가의 순수익은 886억 달러약 89조원였으며 이는 2006년 590억 달러보다 약 50%나 늘어난 것으로 나타났다. 이와 같이 2007년 농가소득이 급증한 이유는 옥수수가 에탄올 제조에 사용됨으로써 옥수수 가격이 거의 두 배 가까이 올랐기 때문이다. 2007년 미국농가의 곡물수입은 2006년 1,200억 달러에서 1,432억 달러로 약 20% 정도 증가한데다, 육류 수출 확대와 낙농품 가격 강세 등에 힘입어 축산물 수입도 1,193억 달러에서 1,410억 달러로 18% 증가했기 때문이다. 이에 따라 미국 정부가 가격 하락 보전을 위해 농가에 지급하는 직접지불보전금이 2007년에는 117억 달러로 전년보다 오히려 26% 줄었다. 미국 정부는 곡물가 강세 등으로 앞으로 미국 농가 소득이 계속 증가세를 이어갈 것으로 전망하고 있다. 2017년에는 994억 달러로 거의 1천억 달러에 육박할 것이라는 관측이 일반적이다. 보조금도 줄일 수 있으니 일거양득의 형국이다. 식량파동이 격화되면 될수록 농산물개방화시대에서 미국, EU 등 농산물 수출국들은 이득을 보게 되어 있다.

결국 이 시대 우리가 겪고 있는 세계적인 식량파동은 가난한 제3세계 식량수입국들과 개도국들의 문제로 귀결되고, 그 와중에 선진 농산물 수출국들은 엄청난 소득을 올리고 있다.

무역자유화는 세계 모든 나라의 사회적 후생을 증가시키지 않을 뿐만 아니라 특히 농업부문의 경우 대부분이 식량 수입국인 제3세계 국가의 농업기반이 붕괴되고 있다. 이렇게 4~5개국의 식량수출국을 제외한 지구상의 대부분의 국가에서 농업생산기반이 붕괴되면, 결국 국제농산물 가격은 상승하게 되고 대부분의 개발도상 국가들은 식량수급에 어려움을 겪게 될 가능성이 높다.

4. 세계 식량생산 여건의 악화

세계화에 의한 세계 식량경제의 구조적인 문제뿐만 아니라 앞장에서도 살펴본 바와 같이 기후환경의 변화 또한 세계 식량 사정을 더욱 악화시키는 요인이 되고 있다.

미국의 에인스워드 교수는 지구환경의 변화와 세계화로 세계인구의 절반 이상을 먹여 살리는 쌀 경작지가 줄어들어 세계적 식량위기가 가시화될 것이라고 전망하고 있다.[67] 최근 세계 인구 증가 추세를 감안하면 쌀 생산량은 지금보다 1/3 정도 더 늘어나야 한다. 하지만 앞으로 쌀 생산은 오히려 줄어들 것이라는 이야기다. 이렇게 되면 당연히 아시아 지역은 물론 아프리카 지역이 가장 먼저 타격을 입을 수밖에 없다.

기후 변화가 식량수확에 어떤 영향을 미칠지 예측하기란 쉬운 일은 아니다. 기온, 탄산가스와 오존 농도 등이 변수로 작용하기 때문이다. 일일 평균 기온이 30℃ 이상 오르는 지역에서는 쌀 수확량이 떨어진다.

기온 상승으로 인한 곡물 수확량 감소는 탄산가스 증가로 인한 광합성 활성화로 다소 보완될 수 있다. 하지만 에인스워드의 연구에 따르면 광합성 활성화는 고온 때문에 식물이 받는 스트레스에 비하면 그 효과가 미미하다. 지표면의 오존 농도 증가도 곡물 수확량의 감소를 가져오는 요인이다. 발전소에서 배출해내는 산화질소NO가 덥고 맑은 날씨에서 오존의 형성을 촉진시키기 때문이다. 에인스워드 교수는 오존 농도가 0.06ppm으로 나타나 중국과 미국의 농장에서는 수확량이 14%나 감소했다고 밝혔다.

---

67) 미국 일리노이 주립대 엘리자베스 에인스워드 교수가 이끄는 연구팀이 2009년 '지구 변화의 생물학'(Global Change Biology)지에 기고한 논문 '기후 변화와 쌀 생산량 : 탄산가스와 오존 농도의 증가에 대한 메타 분석'에서 이같이 밝혔다.

신품종 개발이 가장 시급한 곳은 적도 지역이다. 이 지역은 이미 전통적인 쌀 품종이 견딜 수 있는 최고 기온에 육박하고 있기 때문이다. 또 아프리카를 포함한 적도 지역에선 상당수가 연례행사처럼 기근에 시달리고 있다. 문제는 지구촌 전체를 놓고 볼 때 지역에 따라 심각한 식량 수급 불균형이 나타난다는 점이다. 식량이 모자라는 곳일수록 사태가 점점 악화되고 있다. 이러한 예에서도 알 수 있는 것은 지구온난화가 분명히 쌀을 비롯한 곡물의 생산량 감소에 영향을 미쳐 지구 전체의 식량문제를 더욱 어렵게 만들 것이라는 사실이다.

5. 쌀 수출국 필리핀의 몰락

필리핀은 1960년대만 해도 1년에 3모작이 가능한 세계적인 쌀 생산지였고 세계적인 쌀 연구소IRRI가 있는 쌀 수출국이자 풍요로운 나라였으나 현재 필리핀 농업은 몰락하고 있다. 농업선진국에서 세계 최대 쌀 수입국으로 전락하였고, 2008년 세계적인 식량위기 때에는 풍요의 땅 필리핀을 굶주리게 하였다. 필리핀은 마르코스 같은 독재자가 1970~1980년대를 지배하면서 국가 경제의 파탄으로 1990년대에는 농업 · 농촌경제에 대한 지원이 거의 끊어지게 되었다. 그래서 농촌의 젊은이들은 도시로 떠났고 평생 땅을 일구며 살았던 농부들조차 땅을 버렸다. 농업을 포기하면서 세계가 인정하는 천혜의 절경은 조금씩 파괴되고 있고, 황금물결을 이루던 필리핀의 농지는 이미 빠른 속도로 사라지고 있다. 최근 20년간 공장과 골프장 등 택지로 전환된 면적은 전체 농지의 약 50%에 이른다.

수요량의 30%가 부족한 나라가 되었고 1kg씩 포장된 쌀은 저장될 겨를

없이 배급소로 옮겨져 곧장 판매된다. 이제 필리핀 정부가 쌀을 지키는 일은 나라를 지키는 것과 같은 의미가 되고 있다. 모자란 쌀은 사먹으면 된다는 안이한 생각이 필리핀을 위기로 몰아넣었다. 불과 40여년 만에 필리핀은 농업 상국에서 배고픈 나라로 전락하고 말았다.

이러한 사정은 2010년 현재까지도 해결되지 않고 있어 필리핀 정부는 연간 쌀 부족분 150만 톤을 매년 수입해야 한다. 인구가 9,000만 명을 넘는 필리핀은 매일 3만 3000톤의 쌀을 소비하고 있는데 2008년에는 세계 2위 쌀 수출국 베트남으로부터 160만 톤을 들여온 데 이어, 2009년에는 베트남 수출물량의 30% 가량을 수입하기도 했다. 이와 같이 필리핀이 수입국으로 전락한 이유는 연간 2%가 넘는 인구 증가와 농업에 대한 투자부족, 이농현상, 부실한 사회간접자본 등을 들 수 있다. 관개수로 확충 부족으로 가뭄시 농업용수가 부족하여 어려움을 겪고 있으며, 생산물의 국내 내륙운송을 위한 도로망이 부족해 고가의 내륙운송비가 든다는 점도 이유로 작용하였다.

필리핀이 쌀 수입국으로 전락하면서 겪는 어려움은 단순히 쌀 수입국으로 전락했다는 사실보다는 정치 · 경제 · 사회적 파장이라 할 수 있다. 필리핀의 경우 집권층의 부정부패 등과 맞물려 혼란은 더욱 가중될 소지가 크다.

또한 태국, 베트남 등 쌀 수출국들은 쌀 가격 폭등을 이용하여 카르텔을 추진하면서 국제 곡물시장에서 영향력 확대에 나서고 있다. 2008년 4월 말 세계 최대 쌀 수출국인 태국이 베트남, 캄보디아, 라오스, 미얀마와 공동으로 '쌀 수출국 협의체OREC, Organization for Rice Export Countries'를 설립하는 등 이들의 영향력은 더욱 커지고 있다. OREC가 설립되어 수출물량을 조절할 경우 국제적인 쌀값의 요동은 물론, 국제 원유시장처럼 공급자 중심의 시장으로 변화할 가능성도 있다는 우려가 커지고 있다. 또한 농업의 특성상 기후 상황이 생산량 변동에 미치는 영향이 지대한 만큼 원유처럼 생산량 조절이 용이하지는 않을 것이라는 점에서 더욱 어려운 문제를 잉태하고 있다.

뿐만 아니라 주요 쌀 수출국들이 수출계약을 중단하자 필리핀 정부는 적극적으로 쌀 확보에 나섰고 이는 결국 가격상승 압력으로 작용해 필리핀이 쌀 입찰에 참여할 때마다 가격이 급등하는 딜레마에 봉착하게 되었다. 오히려 수입국인 필리핀이 가격인상의 주범이 되곤 하는 것이다. 필리핀 정부는 내수시장 안정 노력 이외에도 주요 농산물 수출국에 쌀과 밀 공급을 요청하는 한편, 국제 쌀시장 입찰을 통한 쌀 확보에도 적극적으로 나서고 있으나 쌀 가격 급등으로 인한 부담은 당분간 지속될 것으로 보인다.

6. 인류 공동의 농업기술지원 필요성 대두

아시아를 비롯한 지구촌의 기아문제는 실로 심각하다. 국제식량농업기구FAO에 따르면 2005년 7,500만 명이던 세계 기아인구가 2007년에는 9억 2,300만 명, 2009년에는 10억 4,000만 명으로 불과 5년 사이에 두 배로 증가하였다. 기아문제는 가난한 나라의 어린이들에게 피해가 더욱 심각해 6초당 1명이 기아로 인해 죽어간다. 주요 원인은 지구촌 환경변화와 바이오 에너지 생산 등으로 인한 식량가격의 폭등이며, 이로 인해 2015년까지 빈곤인구를 절반으로 줄인다는 UN의 계획은 달성하기가 힘들 것이라는 전망이다.

WTO 체제기 세계화, 개방화 시대에 경쟁과 효율성만을 강조하는 사이, 후진 개도국의 빈곤과 식량문제는 해결될 기미를 보이지 않고 있다. UN은 새천년 개발 목표Millenium Development Goals 8과제를 선정하였는데 이 가운데 첫 번째 목표가 기아와 빈곤 타파이다. 사실 65억 세계인구 중에서 소위 선진국 약 15억 인구를 제외하고는 약 80%에 해당하는 50억의 후진 개도국 국민들은 빈곤과 기아문제를 아직도 벗어나지 못하고 있다.

세계은행에서 16년간 경제자문위원으로 활동해온 경제학자 윌리엄 이스터리William Easterly는 '가난한 나라의 빈곤 타파는 외국원조나 투자가 아니라 기술의 변화를 유인하는 것이 유일한 해법'이라고 주장한다. 세계은행은 빈곤퇴치를 위해서는 농업생산성 증대가 최우선 과제임을 인식하고 투자를 확대하고 있다. 농업개발지원은 타 분야에 비해 사회경제적 파급효과가 높다. 예를 들면 농업생산성이 10% 증가하면 하루 1달러 미만의 생활자가 6~10%

감소하는 경제적 효과가 있는데, 이는 다른 산업 분야의 투자효과보다 월등히 높다. 세계은행의 연구에 의하면 아프리카에서 농업생산량이 10% 증가할 경우 1달러 미만 생활자가 9%가 감소한다고 한다.

이와 같이 인류 전체의 식량문제조차 해결하지 못하고 있는 현실은 21세기 인류문명 또는 농업문명의 위기가 아닐 수 없다. 그 원인이 기후환경 변화에 있든, 세계화에 의한 정치 · 경제적 요인에 있든 상관없이 인류의 가장 기본적인 권리요 행복권인 식량문제를 해결하지 못하고서는 21세기 현재의 농업문명은 인류가 지향하는 농업문명이 분명코 아니며 새로운 방향으로 전환되어야 함을 의미한다.

기후환경 변화에 적절히 대응하는 것은 물론 선진국 중심의 자유무역에 의한 세계화는 앞에서 살펴본 바와 같이 국가간, 개인간 양극화를 촉발할 뿐만 아니라 지구촌 인류의 식량문제조차 해결할 수 없는 구조임에 분명하다. 그것은 분명히 세계화가 아닌 또 다른 세계 정치 · 경제의 패러다임 전환이 필요함을 알 수 있다.

그 작은 전환의 하나로 후진 개도국에 대한 선진국들의 농업기술 및 자재개발 기술을 지원하고 협조하는 상생의 문명을 창출해 내야 한다. 개인이나 기업이 감당하지 못할 영역이고 기대하기 어렵다면 세계 각국의 정부차원이나 유엔 조직을 통해 대대적인 세계농업 경제시스템을 재구축해 나가야 한다.

07

다국적 농식품 기업의 세계 곡물 및 종자시장 지배

1. 다국적 곡물메이저

21세기 농업문명의 또 다른 형태는 다국적 농식품 기업, 즉 곡물메이저의 존재이다. 곡물메이저란 국제적으로 유통되고 있는 식량자원, 특히 곡물생산국에서 소비국에 이르기까지 생산, 가공, 저장, 유통, 무역 등 모든 과정을 맡고 있는 곡물상사들을 일컫는 말이다. 이들은 세계의 모든 식량생산국과 소비국에 집하 및 수집 기능을 갖추고 곡물 유통을 지배하고 있다. 이들 소수 기업이 취급하는 곡물 규모는 매우 크기 때문에 '석유메이저'와 마찬가지로 '곡물메이저'라고 부르기도 한다.

과거에는 미국계의 카길Cargil, 콘티넨탈Continental, 유럽계의 루이 드레퓌스 Louis Dreyfus, 벙기Bunge, 안드레Andre를 5대 곡물메이저로 칭했으나 1980년대 들어 미국계 곡물회사인 ADMArcher and Daniels Midland과 콘아그라Cornagra의 곡물 취급량이 급격히 증가하면서 현재는 7대 곡물메이저라 부른다. 이들 가운데 콘티넨탈을 카길과 2001년 합병한 상태이다. 이밖에 일본의 미쓰이, 미쓰

비시, 마루베니와 캐나다 UGG, 애그로, 이탈리아 페루치 등이 세계적인 곡물 유통기업으로 꼽히고 있다.

카길은 제유, 배합사료, 축산, 제분, 제당 등 곡물 관련 분야를 비롯해 해운, 원면, 철강, 화학 부문에도 진출해 있다. 카길의 제유 부문 진출은 1934년부터 시작됐으며 미국뿐만 아니라 남미-유럽 등에도 공장을 세워 일본 전체 제유 산업의 2배 이상에 달할 정도이다. 또 미국 곡물집산지마다 사료공장을 세워놓고 있다. 카길은 축산 분야에도 일찌감치 진출, 미국 제2위 육가공업체인 MJPXL을 인수해 이들 제품을 판매하고 있다. 제분 분야에서는 1981년 9월 미국 제4위의 제분회사를 인수해 세계 제1의 제분회사로 탈바꿈했다. 코코아-초콜릿 사업은 세계 6위권이며 금융업에도 진출해 있다.

벙기도 미국 내 제유공장을 갖추고 있으며 제분 - 방적 - 유기화학 분야에 뛰어든 상태다. ADM은 사료 - 냉동후식 - 감미료 - 포도당 등 가공사업을 하고 있다. 물론 다른 사업을 하다 곡물유통업에 뛰어든 회사도 있다. 루이 드레퓌스가 그 중 하나로 이 회사는 철도-해운업을 하다 사업다각화의 일환으로 곡물사업에 뛰어들었다. 벙기도 최초에는 향신료무역업을 영위했다. 콘아그라도 원래는 식품가공회사였다.

이와 같이 곡물메이저들은 곡물 조달에 유리한 점을 이용해 사업 영역을 확장하고 있는데 주로 곡물 거래와는 달리 시세 변동으로 인한 리스크는 크지 않고 비교적 안정된 수익을 기대할 수 있는 부문으로 확장을 꾀하고 있다. 즉, 시세변동이 심한 곡물사업으로부터의 위험을 분산시키기 위해 사업을 다각화하고 있다.

세계 곡물 교역량의 80% 정도를 쥐락펴락하는 곡물메이저들의 거래 내역은 거의 알려져 있지 않다. 국가별 작황, 수급상황, 거래내용 등 정보는 수익과 직결되기 때문이다. 또 세계 각국에 있는 지사나 대리점을 경유해 거래

함으로써 발주지와 도착지의 추적이 거의 불가능하다. 다만 국내외에 거미줄 같은 정보망을 가지고 있을 뿐만 아니라 심지어는 인공위성을 통해 밀, 옥수수, 쌀 등 세계 주요 농작물의 국가별 작황까지 수시로 파악하고 있는 것으로 알려져 있다.

곡물메이저들은 자금력을 바탕으로 세계 각지 농산물 생산지나 시카고 선물거래소 등에서 다량의 곡물을 매입, 정부와 기업에 판매함으로써 막대한 이윤을 얻고 있다. 특히 이들은 곡물 매매의 중계는 물론 산하에 선박회사까지 소유, 곡물의 수송과 가공, 하역, 선적, 배분, 저장 등 유통과정까지 완벽하게 장악하고 있어 다른 상사가 곡물 거래에 파고들어갈 여지가 없을 정도다. 이들은 세계의 곡물 수확뿐만 아니라 시카고 곡물시장의 가격을 조작해가며 세계적인 규모로 곡물 무역에 깊이 관여하고 있기도 하다.

곡물메이저들의 비밀스러움은 자금결제에서도 잘 드러난다. 카길은 곡물거래에 따른 자금결제를 스위스 현지법인인 트레이닥스를 통함으로써 비밀을 유지하고 있다. 즉, 법인세율을 낮추고 외환거래가 자유로우며 비밀거래 계좌의 설치가 가능하기 때문이다. 루이 드레퓌스의 소세프, 벙기의 주르핀 등도 자금결제를 위한 스위스 현지법인인 것으로 알려져 있다.

스코틀랜드계인 카길을 제외하고 모든 곡물메이저들은 유대계 자본이라는 특징이 있다. 또 권력의 중심이 가족에게 집중돼 있다. 곡물메이저는 홍보PR 활동을 별로 행하지 않고 있는데, 이들은 오래 전부터 언론에 노출되는 것을 원하지 않았다. 이 때문에 곡물메이저의 매출액이나 순이익은 거의 공개되지 않았고 추측만 할 뿐이다.

2. 곡물메이저의 등장과 성장

곡물메이저 중 최대인 카길은 1865년 윌리암 카길이 미국 오하이오주에서 소금판매업으로 출발해 20세기 후반에는 미국 최대의 개인기업으로 성장했다. 자본의 90%를 맥밀런 일족과 카길 일족이 지배하고 있을 정도로 폐쇄적이다.

카길은 1980년대부터 각종 관련 기업을 적극인수, 합병함으로서 기업의 규모를 키웠다. 예컨대 1986년부터 98년 10년간만 하더라도 50여 개의 엘리베이터곡물창고를 인수 · 합병하였으며 콘티넨탈사의 곡물 부문 유통 사업을 인수 · 합병함으로서 실질적으로 세계 최대 곡물메이저의 기틀을 다졌다. 이로서 카길은 곡물의 저장과 수출 분야에서 세계 1위에 올랐다.

세계 2위의 ADM은 1800년대 중반 존 다니엘과 조지 아처가 아마씨 분쇄

업으로 곡물업을 시작했다. 본부는 미국 다코타에 있으며 세계 각지에 205개의 가공공장을 운영 중이다. 1818년 네덜란드 암스테르담에서 향신료무역상으로 사업을 시작한 벙기는 아르헨티나 자회사를 통해 남미 지역을 장악하고 있다. 최근 브라질이 제2의 대두 생산국으로 올라서며 벙기가 크게 주목받고 있다. 1877년 조지 앙드레가 설립한 앙드레는 스위스에서 곡물상으로 출발했다. 앙드레는 스위스 로잔에 본부를 두고 있으며 미국에는 가낙이라는 자회사를 두고 있다.

비밀스럽게 움직이던 곡물메이저들이 역사무대에 나타난 것은 1972년 옛 소련이 미국산 곡물을 대량으로 도입하기 시작한 때부터다. 즉, 그해 곡물 부족에 고심하던 소련이 비밀리에 곡물메이저와 접촉, 이제까지 곡물 무역의 상식으로는 이해할 수 없는 막대한 양의 곡물 계약을 맺으면서 곡물메이저의 존재가 백일하에 드러난 것이다.

곡물메이저는 대부분 19세기 중반에 소규모 곡물 무역업체로 출발한 것으로 세계1, 2차대전을 거치면서 사업영역을 확장하여 오늘에 이르렀다. 21세기에 들어와서는 곡물무역업뿐만 아니라 축산, 사료제조, 곡물가공, 제분, 제당, 식품, 석유, 바이오 연료, GMO종자, 최근에는 금융업 등에도 진출하고 있다. 세계무역기구WTO의 농산물 개방협상으로 세계 각국의 관심이 국제적인 식량 문제에 집중되면서 곡물메이저의 존재가 더욱 주목받게 되었다.

3. 다국적 곡물메이저의 정치 경제

곡물메이저는 미국 정부를 등에 업고 국제 정치 · 경제에 막대한 영향력을 행사하고 있다. 즉, 이들은 단순히 대량의 곡물을 움직이는 데 그치지 않

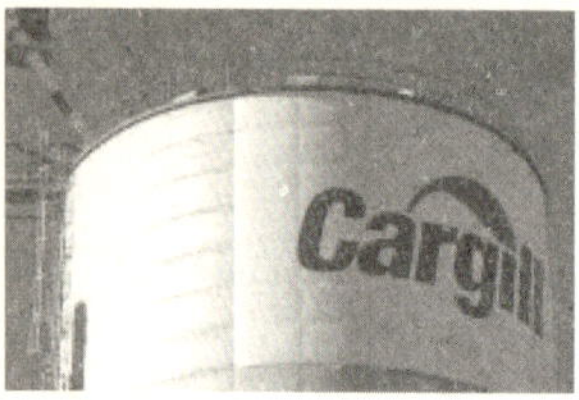

고 미국 정부의 식량 안전보장에 깊이 개입돼 있다. 미국 정부와 긴밀히 밀착돼 막강한 파워를 형성하고 있기 때문에 하루아침에 쉽사리 무너질 수는 없다고 보아야 한다.

국제곡물시장은 곡물메이저가 장악하고 있어 이들의 횡포를 막기 어려운 구조로 돼 있다. 곡물메이저는 세계 곡물교역량의 약 80%를 차지하고 있으며 유통 분야 시장점유율도 총 저장 능력에서 75%, 수출 취급 능력에서 56%, 밀 제분에서 69% 등을 차지하고 있다. 이들 곡물메이저는 언제든지 수출금지-가격담합 등 불공정무역을 자행할 수 있다. 이는 세계 곡물시장이 WTO 등 국제기구의 규범에 따라 유지되기보다는 이들 곡물메이저에 의해 혼란해질 수 있음을 뜻한다. 곡물메이저를 '곡물마피아'로 부르기도 하는 이유가 바로 여기에 있다.

곡물메이저는 국가간 전쟁에서도 활용되고 있다. 미국은 카터 대통령 시절에 소련의 아프가니스탄 공격을 빌미로 엠바고embargo를 시행했다. 엠바고는 정부가 곡물상들에게 수출 중지 명령을 내리는 것이다. 당시 소련은 미국에서 밀을 수입해오지 않으면 안 되는 심각한 식량난을 겪고 있을 때였다. 결국 미국의 엠바고로 소련의 아프가니스탄 침공은 실패했다. 곡물은 이처럼 석유와 함께 어느 때든지 무기화할 수 있는 전략물자이다. 식량 안보의 중요성을 보여주는 대목이다.

곡물메이저는 기업 이익을 위해 세계의 식량을 담보로 냉혹한 곡물교역을 하기도 한다. 단적인 예로 카길은 1998년 식량난을 겪고 있던 북한에 구상무역 형태로 밀 2,000톤을 수출하기로 계약했으나 북한의 아연괴가 준비되지 않자 운송 중이던 수출선을 공해상에서 돌려 다른 나라에 수출했다. 이들이 자선단체가 아니라 영리기업임을 여실히 보여준 셈이다. 뿐만 아니라

카길이 국제사회에서 비판을 받은 사례는 무수히 많다.[68]

1) 1970년, 카길은 여러 선진국에서는 수입이 금지된 곡물종자를 이라크 바스라Basra, Iraq에 수출하는 과정에서 이라크 정부와 종자를 종자소독용 메틸수은Methylmercury를 사용하여 소독한 후 수출하기로 합의했다. 또한 카길은 종자포장용기에 "농업용 종자이며 식용이 아님"이라고 표시하였지만, 운송선박의 노동자들을 위해 영어와 스페인어로만 표시하여 이라크에서 종자로 사용 후 잔여 종자를 일반국민에게 나누어줘 93명이 목숨을 잃는 대형 참사가 발생하였다.
2) 1976년 자이르현 콩고민주공화국 정부가 곡물대금결제를 미루자 카길은 밀 공급을 중단하였다.
3) 1988년 사하라 남부의 최대 밀 수입국인 나이지리아가 국내 식량생산 감소를 이유로 밀 수입을 금지하자 카길은 미국정부에 압력을 행사하여 나이지리아에 섬유수출을 금지시켰다.
4) 2003년 카길은 브라질 아마존 지역 내에 대두가공을 위한 항구를 건설하였다. 이 항구로 인해 이 지역의 대두 생산은 운송 및 가공의 효율화가 이루어져 급증하였다. 비록 카길이 주정부법에 따라 합법적으로 이 항구를 운용하고 있지만 브라질 연방정부법에 명시되어 있는 환경영향평가보고Enviornmental Impact Statement, EIS에는 불합치되어 문제를 야기시켰다. 또한 이 문제에 대하여 2003년 그린피스Greenpeace는 이 항구가 지역 농부들이 대두 생산을 위해 아마존 생태계를 훼손시키는 이유를 제공하고 있어 환경을 급속하게 파괴시키고 있다고 주장하는 캠페인을 벌이기도 하였다.[69] 결과적으로 브라질 정부는 카길에게 6개월

68) 한국농촌경제연구원, 국제곡물시장 분석과 수입방식 개선방안, 2009에서 인용
69) www.greenpeace.org

동안 환경영향평가Enviornmental Assessment를 마치라는 명령을 받았다. 이러한 브라질 정부의 조치로 인해 카길이 건설한 항구에 대한 반발이 증폭되었으며, 이 항구로 인해 고용이 창출되고 지역경제가 활성화되리라 믿었던 지역 주민들조차도 반대세력으로 변하였다. 급기야 2006년에는 브라질 연방법원의 검사단체가 항구를 폐쇄하자는 제안을 내기도 하였다.

5) 2005년 7월, 국제 노동인권재단International Labor Rights Fund, ILRF은 말리Mali 미성년 노동착취로 카길, 네슬레Nestle, 그리고 ADM을 미국 캘리포니아 로스앤젤레스 연방법원에 소송을 제기하였다. ILRF는 이들 회사들이 아프리카 농장으로부터 수입하는 코코아 생산을 목적으로 말리 미성년자들을 매매하여 아이보리코스트Ivory Coast로 데려와 하루 12시간에서 14시간 동안 노동을 착취하고 고문하였다고 주장하였다.

6) 2005년부터 우즈베키스탄에 위치하고 있는 카길의 면화 농장에서 미성년 노동착취에 대해 우즈베키스탄 정부가 우려를 표명하기 시작하였고, 특히 환경정의연대Environmental Justice Foundation가 카길에 대해 미성년 노동착취와 인권학대에 대한 우려를 표명하였지만 카길은 이에 대해 어떠한 조치도 취하지 않았다.

7) 2007년 버틀러 위스콘신Butler, Wisconsin에서 생산된 85만개의 냉동 소고기 파이Frozen beef patties가 대장균에 감염되어 회수되었다. 하지만 이 제품은 이미 미 전역 최대 소비시장인 월마트Wal-Mart와 샘즈클럽Sam's Club에서 판매 되었다.

8) 2007년 카길 호주지사의 폐수처리 파이프라인에 균열이 발생해 폐수가 호주 호우재난 시스템과 보멘습지Bomen Wetland로 방출되어 호주 토지환경법원으로부터 AU$37,000의 과태료가 부과되었다.

9) 2008년 카길은 샌프란시스코 베이Sanfrancisco Bay 습지에 소금 제조를 위한 거대한 호수건설을 계획하였지만 자연생태계를 파괴하는 행위라며 반대하는 환경단체와 마찰이 발생하였다.

ADM에 대한 사회적 비판도 한두 가지가 아니다.[70]

1) ADM은 1996년 일본의 아지미모토사와 쿄와하코사, 한국의 제일제당과 함께 아미노산 일종으로 사료용 첨가제인 라이신Lysin의 가격담합을 시인하면서 미 법무부로터 1억 달러의 벌금형을 받았다. 이 가격담합으로 경쟁을 회피하고, 교역량을 담합한 기업들에게 분배함으로써 법적인 제제를 받게 되었다. 이 벌금형은 ADM 회장단의 기소취하, 국제교역액이 30억 달러 이상인 옥수수과당High Fructose Corn Syrup, HFCS의 가격담합 기소취하, 그리고 ADM이 불법적으로 수집한 국제무역정보에 대해 기소취하를 전제로 부과되었다. 하지만 ADM의 임원들에게는 면제부가 부여되지 않아 부회장인 마이클 안드레Michael Andreas와 옥수수 정제를 책임지던 ADM그룹의 부회장 테란스 윌슨Terrance Wilson은 2년 실형과 35만 달러의 벌금이 부과되었고, 바이오제품 생산계열사의 사장인 마크 위태커Mark Whitacre에게는 2년 6개월의 실형이 선고되었다. 이와 더불어 ADM과 관련된 라이신, 옥수수과당, 구연산, 그리고 기타 식품첨가제에 대한 소송들이, 미국 캘리포니아 지방법원, 캐나다, 멕시코 등 여러 나라에서 진행되어 식품산업계에서는 최대의 스캔들로 기억되고 있다Financial Times, 1998.

2) ADM은 1996년 미 연방소재 근로자 안전 및 건강위원회OSHA로부터 제한구역 위험물질 관리 및 근로자 안전대책 미흡으로 인해 69만 달러의

70) 한국농촌경제연구원, 앞의 책에서 인용

벌금을 부과 당했다. 이와 같은 이유로 2000년 일리노이주 디카터에 보유하고 있는 선로 수리공장에서 제한구역조치와 관련된 안전준수 규칙을 지키지 않아 1993년에서 1998년까지 4명의 근로자가 사망하고 여러 명이 입원하는 사고가 발생하여 OSHA로부터 160만 달러의 벌금이 부과되었다. 이후 ADM에서 공장의 시설과 안전규칙 준수조치 수정을 약속받고 65만 달러의 벌금을 부과하는 일로 마무리 되었다.

3) 2000년 ADM은 미 연방법원과 일리노이주 법원으로부터 각각 150만 달러와 110만 달러의 벌금을 유해물질 과다방출로 인해 부과받았다. 특히 유해물질 유출시 정화장치의 부실과 변성 에탄올Denatured Ethanol 방출이 원인이 되었다.

4) 브라질 환경부는 ADM계열사로부터 방출되는 산업용폐수 유출이 환경을 파괴하고 있다고 판단 2000년 ADM사에 560만 달러의 벌금을 부과하였다.

벙기에 대한 사회적 비판으로는[71]

2006년 미주리Missouri주 연방환경보호단체는 벙기를 상대로 8개주에 걸쳐 12개의 벙기 소유 대두 가공처리장과 옥수수 제분소를 증축하는 과정에서 유해물질이 과대 방출된 사실에 대한 법적소송을 제기하였다. 따라서 벙기는 1,200만 달러의 비용이 소요되는 유해물질 정화시설을 건설해야 했으며, 벌금 62만 5천 달러와 125만 달러의 환경보호 프로젝트를 실행하도록 연방법원이 명령하였다Suhr, 2006.

71) 한국농촌경제연구원, 앞의 책에서 주로 인용함

4. 다국적 종자기업과 곡물메이저

이와 같이 전세계 곡물시장을 좌지우지하고 있는 곡물메이저들은 GMO Genetically Modified Organisms 개발과 종자시장에도 적극적으로 진출하고 있다. 다국적 메이저들은 생명공학기술을 이용하여 GMO종자를 생산하는 종자기업과 생명공학기술을 가지고 있는 기업과의 수직계열화를 통해 농식품의 생산, 가공, 유통 등 전부문을 장악해 가고 있다.

2007년 기준 세계 상업적 종자시장 규모는 약 300억 달러약 36조원, 특허 종자시장은 약 250억 달러약 30조원로 추정되고 있으며 이중 GMO종자는 상업적 종자시장에서 25%, 특허 종자시장에서 35% 정도를 차지하고 있는 것으로 파악되고 있다. 특히 세계 10대 종자기업[72]의 점유율은 각각 55.4%, 특허 종자시장에서는 67%를 차지하고 있다.[73] 이들 10대 종자기업의 시장지배력을 보면 몬산토가 33.5%, 듀폰 22.3%, 신젠타 13.6% 등의 순이다. 이들 상위 3위 이내의 종자기업이 약 70%를 점유함으로써 독과점적 구조를 띠고 있음을 알 수 있다. 2015년에는 GMO종자의 비중이 50%를 넘어설 것으로 예상되고 있다.

또한 이러한 종자기업들은 대개 다국적 곡물 기업과 연계되어 비합병적 연합의 형태를 띠기도 한다. 예컨대 카길은 몬산토는 물론 미국 내 식품소매업체인 크로거Kroger와 쇠고기 장기 납품계약을 맺는 등 '유전자에서 슈퍼마켓'에 이르는 기업연계가 형성되어 있다. 신젠타와 ADM의 결합은 유전자, 종자, 생산자, 곡물수집 · 가공, 육류생산, 육류가공에 이르는 수직적 통합을 이루어 기업군을 형성하고 있기도 하다.

---

72) 세계 10대 종자기업은 몬산토(미국), 듀폰(미국), 신젠타(스위스), 그룹 리마그린(프랑스), 랜드 오래이크(미국), KWS AG,(독일), 바이에르크롭 사이언스(독일), 사카다(일본), DLF-트리폴리움(덴마크), 타카이(일본) 등임.

73) 한국농촌경제연구원, 국제곡물시장 분석과 수입방식 개선방안, 2009, p.132

곡물메이저는 이렇게 다국적 종자개발회사와 밀접한 관계를 맺고 있는 것이 현실이다. 곡물메이저가 직접 GMO 개발에 손을 대는 경우도 많지 않지만, GMO 개발에 많은 역량을 투입하는 종자개발회사에 투자를 함으로써 사실상 GMO 개발을 주도하는 경우가 많다.

5. 다국적 종자기업의 한국 종자기업 인수

다국적 종자기업은 1997년 IMF국제통화기금 외환 위기를 거치면서 한국의 4대 종묘회사 가운데 3개사를 인수 합병했다. IMF 외환 위기 이전에는 흥농종묘가 한국 부동의 1위 종자기업이었고 그 뒤를 이어 중앙종묘와 서울종묘, 농우바이오가 2위권을 형성하고 있었다. 그러나 외환위기를 겪으면서 1997년 3월 본계인 사카다 종묘가 청원종묘를 인수합병하고, 1998년 10월 서울종묘와 농진종묘가 스위스계 노바티스현 신젠타에 인수됐다. 1998년 6월에는 부동의 1위 자리를 지키고 있던 흥농종묘와 중앙종묘가 멕시코계 세미니스에 인수되면서 한국의 종묘시장은 농우바이오 등을 제외한 대부분이 외국 회사로 넘어갔다.

물론 외국 곡물 및 농업자본의 한국 진출은 시장 규모가 연간 1,200억 원에 불과한 한국시장이 목표가 아니라 중국과 일본을 포함, 중동에서 호주, 뉴질랜드에 이르는 범아시아 시장을 겨냥한 장기전략 중 하나라는 것이 업계의 일반적 분석이다. 그러나 분명한 것은 이들 외국 자본이 국내 업체를 인수·합병하면서 한국 종자가격 인상, 토종 유전자 유출, 국부 유출 등의 가능성이 존재한다는 점이다. 물론 2010년 현재까지 별다른 피해가 나타나지 않았지만, 세계적인 수준이었던 한국의 육종기술고추, 양배추, 배추, 무 등의 유전자원이 점차 해외로 많이 빠져나가는 부작용은 피할 수 없게 되어 있다.

III

농업문명의 전환

08

농업문명전환의 필요성

1. 기후환경과 문명전환의 필요성

제1부에서 살펴본 바와 같이 인류문명사를 돌아보면 인간은 지구의 기후환경 변화에 적응하면서 시련과 함께 인류문명을 개척해 왔다. 그 문명의 개척을 인류는 진보와 발전으로 인식하고 현재에 이르렀다. 그런데 인간이 진보와 발전이라고 믿었던 인류문명이 사실상 21세기 초에 인류가 겪고 있는 지구환경 문제의 직접적인 발생 원인이 되고 있고, 문명과 환경의 부조화는 결국 지속가능하지 않다는 인식이 자리잡기 시작했다.

이러한 문제인식은 기후환경 변화와 농업문명의 위기는 이미 수백년 전부터 나타나고 있었음에도 불구하고 이제야 겨우 문제의 심각성을 조금이나마 인지하고 있을 뿐이다. 워낙 인간은 100년 이내로 유한한 존재이나 인류역사는 길고, 기후환경의 변화는 매우 오랜 기간 서서히 진행되기 때문이기도 하다. 뿐만 아니라 인간들의 지구환경 또는 생태에 대한 그간의 무지와 이기심, 그리고 탐욕으로 지구환경에 대한 존엄성과 이해가 너무나 부족했다. 지구환경이 끊임없이 인류에게 경종을 울렸지만 인류는 이를 인식하지 못했다. 지구환경에 대한 과다한 개발과 이용은 항상 인류 문명의 파멸로 이어졌지만 인류는 이러한 역사적 사실에서 교훈을 얻지 못하고 인류 문명 전체가 회복 불능의 위험에 처하게 된 후에서야 이를 인식하게 되었다.

인류는 항상 지구환경을 얼마든지 이용할 수 있는 무한한 것으로 인식하여 왔다. 실제로 지구환경은 인간의 지식과 기술의 발달에 따라 물질적으로 보다 풍족한 삶을 제공하여 온 것은 사실이다. 그래서 인류는 지구환경의 제약 자체를 의식할 필요를 느끼지 못했는지 모른다. 이러한 착오와 착각이 가능했던 것은 그동안 지구에 미개척지가 많았고 과거 수억 년 전에 지구 생태계의 광합성작용의 결과로 생성되었던 석탄, 석유 등 화석연료를 18세기 산업혁명 이후 공업화 성장을 위한 동력으로 사용할 수 있게 됨으로서 지구환경의 구석구석에 대한 인간의 파괴와 정복을 용이하게 해주었기 때문이다.

그러나 비축된 화석연료에 의존하던 21세기 산업문명과 농업문명은 점차 위기에 직면하게 되었다. 이러한 위기를 극복하기 위해서는 21세기 초인 지금부터라도 인류문명과 농업문명 전환이 필요하다. 이를 위해서는 우리 시대의 지구환경 생태에 대한 인식과 세계화 · 개방화로 야기되고 있는 경쟁력지상주의와 물신주의로 인간소외의 문제를 극복하려는 시대정신이 인류 모두에게 요구되고 있다.

기후환경과 문명의 조화로운 발전을 위해 가장 필요한 것은 생태계의 원리와 순환관계를 존중하는 새로운 문명의 전환이 필요하다. 이를 위해서는 지구 생태계의 한계를 인정하고 경외해야 한다. 생태학적 관점에서 지구환경 이용의 적정 규모를 초과하지 않고 지구의 1차 생산량, 생물다양성 등 자원기반을 보전하며 환경오염 문제가 적정 수준에서 관리되어야 한다. 그렇지 못할 경우에는 적어도 수용능력 범위 이내로 제한하고 수질, 대기, 토양 등에의 오염물질 배출도 그 지역에서 처리할 수 있는 능력의 범위 내로 최대한 국

한시켜야 한다.

또한 생태적 순환의 복원이 필요하다. 지구환경은 생태적인 과정을 통한 물질과 에너지의 순환으로 생명이 영위되며 또한 생명을 지원하는 기능을 하고 있다. 따라서 지구환경 개선을 위해서는 에너지와 자원의 재생산 과정, 즉 생태순환과정이 지속적으로 유지될 수 있도록 관리하여 파괴된 것을 복원하고 복구하여야 한다.

이를 위해서는 자연 자본natural capital[74]의 중요성에 대한 재인식이 필요함은 물론이다. 열대우림, 성층권의 오존층, 생물 종의 다양성, 기후 조율 체계 등 자연 자본이 고갈되지 않도록 지속적으로 보전 관리할 수 있어야 한다. 우리 인류의 진화와 생존의 기반이 되었던 이들 자연자본은 지구 생태계의 순환과정에 의해 창출되고 유지되고 있기 때문이다.

그리고 지구환경의 생태 순환 과정의 보전과 복원에 있어서 중요한 요소의 하나는 생물종 다양성의 보존이다. 다양한 생물이 생존해야 생태적인 순환과정이 원활하게 작동될 수 있기 때문이다. 생물종 다양성의 보존을 위해

---

74) 자연자본 또는 사회적 공통자본이라고도 한다. 공기 · 하천 · 호소(湖沼) 및 국가나 지방자치단체가 소유하고 있는 토지 등이 이에 해당한다. 이것을 형성하는 토지 · 산하가 비록 사유일지라도, 이것이 가져다주는 아름다운 자연경관 등은 사회 전체의 것이라고 할 수 있다. 자연적으로 형성된 것뿐만 아니라, 항만 · 도로 등과 같이 공공의 목적으로 축조된 사회간접자본도 사회 전체에 속하며, 모든 개인에게 필요하고, 이용도 가능하다. 이와 같은 공유자원을 이용함으로써 발생하는 비용은 사회전체가 부담하게 된다(네이버 백과사전).

서는 지구환경 스스로 창출한 온갖 생명에 대한 외경이 전제되어야 한다. 인간들에게는 어떤 특정종의 멸종을 초래할 수 있는 권리가 없다는 윤리의식과 지구환경에 대한 존엄성을 가져야 한다. 인간에 의한 생명체의 파괴는 그것이 곧바로 인간들에게 이전된다는 사실을 명심해야 한다.

또한 자연에너지의 사용을 확대하고 자원 이용의 효율성을 제고해야 한다. 지구에 살고 있는 인류와 모든 생명체는 기본적으로 태양에서 제공되는 에너지에 의존한다. 약 100만년 전부터 인류의 조상들은 대부분의 기간을 현재의 태양에너지가 생산해 주는 먹을거리에 의존하면서 적어도 산업혁명 이전까지 살아 왔다.

산업혁명 이후 현대 문명을 뒷받침해 온 화석연료, 석유는 이제 고갈될 상황에 직면하고 있으며 지구 생태계도 위험한 상황에 처해 있다. 긍정적으로 예측해도 석유는 50년 이내에 고갈될 위기에 처해 있다. 더욱이 수억 년 전에 잡아 두었던 이산화탄소가 다시 대기 중으로 방출되면서 지구온난화 등 지구환경 변화가 진행되고 있다.

따라서 태양열, 태양광, 풍력, 지열, 수력, 바이오 등 자연에너지를 보다 효율적으로 이용할 수 있는 새로운 에너지 문명의 설계가 요구된다. 그런데 문제는 비석유 기술의 개발에도 석유에너지가 요구된다는 점이다. 이러한 한계를 어떻게 극복하느냐가 향후 인류 문명의 향배를 결정할 것으로 보인다.

그 밖에도 인간의 생산 활동에 따른 생태 효율을 높여야 한다. 한정된 자원을 이용하여 인류의 복지를 증진시키려면 자원을 적시적소에 투입하여 최소의 투입으로 최대의 효과를 가져올 수 있어야 한다. 자원 이용 기술과 환경보전 기술의 발전으로 에너지와 자원의 이용 효율이 개선되면 그만큼 지속 가능성은 증진된다. 자연자본을 순환적으로 이용하는 순환적 재이용 기술의 개발과 보급은 한정된 자원의 고갈을 막아 줄 수 있다. 고갈성 자원에 의존하던 생산 양식을 갱신 가능 자원으로 대체하는 기술도 확대되어야 한다.

따라서 향후 인류문명이 지향해야 할 기술 발전 방향은 생태계의 순환성을 증진시켜 주는 기술, 태양에너지 등 자연에너지의 이용 기술, 식량 위기에 대응하는 기술, 전염병의 예방과 치료 기술, 자원 및 에너지 절약 기술 등이 되어야 한다. 현대의 과학 기술 사회는 BT[75], IT[76], NT[77] 등에 있어서 획기적인 진보를 이루고 있으나 이러한 기술에 대한 환경성과 지속 가능성에 대한 엄격한 평가와 통제도 병행되어야 함은 물론이다.

---

75) 생물공학 · 생명공학 기술(bio technology)로서 DNA 재조합 기술을 응용한 여러 새로운 과학적 방법 등도 이에 속한다. 생물공학의 정의와 대상 내용은 시대에 따라 크게 변화되어 왔다. 현재는 생명과학의 전체 분야를 학제간의 구별없이 연구하는 기초적 학문과 이를 기반으로 새로운 기술의 개발을 목적으로 삼은 응용분야를 모두 내포하고 있다. 유전공학(genetic engineering)이 대두되면서 바이오테크놀로지란 용어를 쓰기 시작했지만 유전자 공학의 공업적 응용에 국한되지 않고 발효공학, 하이브리도마공학(모노클로날 항체 생산), 농업공학(동식물의 형질전환) 등 광범위한 내용을 포용한다.

76) 정보기술(information technology)로서 정보화 시스템 구축에 필요한 유형 · 무형의 모든 기술과 수단을 아우르는 간접적 가치창출에 무게를 두는 기술

77) 나노기술(Nano Technology)로서 나노(nano)란 10억분의 1을 나타내는 단위로, 고대 그리스에서 난쟁이를 뜻하는 나노스(nanos)란 말에서 유래됐다. 1나노미터(nm)라고 하면 10억분의 1m의 길이 즉, 머리카락의 1만분의 1이 되는 초미세의 세계가 된다. 이를테면 원자 3~4개가 들어갈 정도의 크기다. 나노기술이란 나노미터 정도로 아주 작은 크기의 소자를 만들고 제어하는 기술로 분자와 원자를 다루는 초미세 기술이어서 고전역학이 아닌 양자역학 이론이 적용된다.

2. 신자유주의 세계화와 문명전환의 필요성

제II부에서 살펴본 바와 같이 산업혁명 이후 21세기 현재까지 인류는 고도의 물질문명을 발전시켜 온 것은 사실이다. 그러나 20세기부터 만연한 신자유주의는 경쟁력지상주의와 물신주의에 의한 인간소외 현상을 만연시켰다. 모든 가치의 핵심이 물질이다 보니 물질 이외의 가치에는 관심이 없다. 농식품 자유무역을 통한 인류의 기아문제 해결은 요원해졌고 국가간, 개인간 소득격차는 양극화로 고착화되어 가고 있다. 선진국은 자국의 기업이나 국민의 이익에 혈안이 되어 있고 인류 공영의 가치는 사라진 지 오래다. 제3세계의 인류는 식량문제조차 해결하지 못하고 있고 농산물의 국제시장은 다국적 기업이 무역과 유통을 장악하고 있어 매우 불안정한 구조를 가지고 있다.

인류의 음식 문화도 건강과 지구환경 보전을 위해 자연과 보다 잘 조화될 수 있도록 해야 한다. 육식 위주의 식문화에서 곡물과 식물성 단백질을 위주로 하는 음식 문화로 바꿔야 한다. 패스트푸드 등 가공식품 의존율도 낮추어야 한다. 비료, 농약, 농기계를 많이 사용하는 고투입, 고에너지 농법도 바꿔어야 하며 기업식 대규모 영농법도 농촌의 부흥을 통해서 중 · 소량 생산의 지역사회 영농방식으로 점차 교체되어 농업 부문의 탈석유화가 추진되어야 한다. 그리고 넓은 바다를 이용하는 지속 가능한 수산 양식의 혁명으로 지구환경 문제와 식량 위기에 대비해야 한다.

특히 육식은 많은 자원과 에너지 투입이 필요한 환경 파괴적이며 비효율적인 식량이다. 대략 38%의 세계 곡물 생산량특히 옥수수, 보리, 오트밀, 수수이 가축의 먹이로 사용되고 있다. 선진국일수록 대량의 곡물을 가축 사육에 사용하고 있는 반면 저소득 국가들은 곡물을 주식으로 하고 있는데도 그나마 부족하여 다수가 영양실조에 걸려 있는 불균형이 초래되고 있다. 뿐만 아니라 육류와 유제품의 소비가 늘어남에 따라 지구온난화 물질의 하나인 메탄의 배출량도 늘어난다. 결국 육식의 감소는 지구환경 보호에도 크게 도움이 된다.

또한 자연친화적인 정주형 농촌을 복원해야 한다. 도시문명의 무분별한 팽창은 결국 에너지 과소비형 문명이 될 수밖에 없기 때문이다. 시급하고 중요한 것은 농촌을 부흥시켜 인구와 산업을 분산하고 경제와 정주 체계에 있어서의 다양성을 높이고 집중도를 낮추는 것이다. 그래야만 향후 예상되는 기후 및 환경 변화에 보다 잘 대응할 수 있다.

농촌사회를 복원함으로써 식량과 질병문제에 대응할 수 있는 정주생활의 다양성을 확보하는 것이 필요하다. 도시화된 사회를 위한 상업적인 대량 생산 체계가 불러온 작물의 단순성을 극복하고 농촌의 부흥으로 농업, 수산업 등 식량 생산에 있어서 다양성을 복원하는 것이 지구온난화로 예상되는 식량 위기에 대한 충격을 최소화하는 방안이 된다.

농촌의 복원은 태양에너지, 풍력, 지열, 바이오, 수력 등 자연에너지의 생산과 이용체제의 구축에도 도움이 된다. 농촌의 복원은 화석연료를 이용한 대규모 발전소 건설에 의한 중앙집권형 에너지 이용체계를 피하고, 신재생에너지의 중 · 소규모 발전시설을 이용한 지방 분산적인 에너지 이용체계를 구축할 수 있다는 이점도 있다. 분산형 자원 이용체계는 고용 증진에도 도움을 주어서 세계화 시대에 심각하게 대두되고 있는 대량 실업의 사회적인 충격을 완화시켜주는 측면도 있다. 신재생에너지 산업 종사자를 위한 잘 정비된 전원생활은 화석연료 의존도를 낮추면서 국민의 삶의 질 개선에도 긍정적인 영향을 미치기 때문이다.

또한 지배의 문명을 극복하고 협력의 문명을 창출해야 한다. 경쟁력 지상주의에 의해 초래된 극심한 경제적 불평등은 사회적 · 정치적 불안정을 초래하며 경제의 효율 자체를 저하시킬 수 있기 때문이다. 산업혁명 이후 인류문명은 풍요로워졌지만 그 풍요로움이 일부 선진국의 것일 뿐 인류 전체의 것이 되지 못한다면 21세기 인류문명은 전환되어야 한다. 농업문명도 마찬가지다.

이상에서 살펴본 바와 같이 지금 우리가 살고 있는 21세기 인류문명, 산업문명, 농업문명은 지속가능하지 않다는 결론에 도달하게 된다. 농업문명이 왜곡되어 있는 것이다. 이러한 농업문명으로는 인류의 미래를 기약할 수 없다. 기후환경 변화에 의한 농업문명의 전환과 동시에 신자유주의 세계화에 의한 농업문명의 전환이 함께 필요한 시대다.

그런 측면에서 21세기의 인류는 이미 수십년 전부터 농업문명의 전환을 위한 크고 작은 운동들이 전세계에서 들불 같이 피어나고 있었고, 지금도 번지고 있다. 아직은 그 규모나 파급효과가 작다고 할지라도 인류가 가야 될 농업문명이 무엇이고, 무엇이어야 하는지를 이미 터득하고 다양한 새로운 농업문명 창출을 위해 나서고 있다. 그것은 다름 아닌 친환경 생태농업 운동, 슬로푸드, 슬로시티, 로컬푸드, 공동체지원농업, 공정무역, 도시농업, 생협운동 등이 그것이다. 이들 운동들에 대하여 좀 더 자세하게 살펴보고자 한다.

09

친환경 유기생태농업의 확산

1. 친환경 유기생태농업의 등장과 국제 논의 동향

앞에서 살펴본 바와 같이 21세기 농업문명 전환의 계기가 된 인류 역사상 가장 큰 변화는 역시 산업혁명이었고 이는 수만년 지속되어 오던 농업문명을 고투입 · 고에너지 농업으로 변화시켰다. 200여 년 동안 지속되어 오던 고투입, 고에너지 농업에 대한 반작용으로 20세기 초부터 출현한 것이 친환경 유기생태농업이다. 농업의 생태적 과정을 이해하고 응용함으로써 과도한 물질 및 에너지 투입을 방지하며, 주변 자연생태계와의 조화를 통하여 농업생태계 자체와 주변 환경을 보호하면서 생산성의 지속적인 유지와 식품의 안정성을 확보하자는 취지이다.

따라서 21세기 농업문명 전환의 핵심은 친환경 유기생태농업의 확산이라 할 수 있다. 농업문명 전환을 위한 모든 운동이 기본적으로 친환경 유기생태농업을 기반으로 하기 때문이다.

21세기 현재의 농업생태계는 점차 자연생태계와의 동질성을 잃어버리고, 생태적 과정이 심하게 변형되거나 단절되어 농업생태계 자체는 물론 주변 생태계를 파괴시켜 더 많은 에너지와 물질의 투입없이는 생산성이 증가되지 않는 한계에 도달하였다. 생산성을 더욱 높이려는 집약적인 농업방식은 과도한 화학비료의 투여와 이로 인한 병충해 내성의 약화로 더 많은 농약의 투입을 불가피하게 하였다. 농업생태계와 주변환경을 오염시키는 악순환이 계속되고 있으며 이는 결국 식품의 안전성이라는 인류 최대의 심각한 도전에 직면하고 있다.

따라서 농업문명 전환을 위한 친환경 유기생태농업은 국제식량농업기구Food and Agriculture Organization : FAO와 같은 국제기구는 물론 민간운동기구들에 의하여 강력하게 전개되고 있다.

국제식량농업기구는 생태농업의 주요 실천과제로서 경작체계, 경작관리, 통합적인 해충방제, 토지이용계획, 토양보존 및 관리 등을 주요과제로 설정하고 있다. 한편 1991년에는 세계지속농업협회World Sustainable Agriculture Association : WSAA가 결성되어 미국하와이, 호주, 일본, 태국, 대만 등에 지부를 두고 농업의 지속성을 향상시키기 위한 교육, 연구, 출판, 각종 지원조직 사업을 펼치고 있다. 또한 1972년에 결성된 국제유기농업운동연합Intenational Federation of Organic Agriculture Movement : IFOAM은 전세계 95개국에 530여개 산하 조직체를 가지고 전세계적인 유기농업의 확산운동을 벌이고 있으며, 세계적인 환경운동단체인 그린피스Green Peace도 유전공학을 이용한 GMO 생산에 반대하면서 IFOAM을 지원하고 있다.[78)]

이에 1992년 UN 개발환경회의에 참석한 150여개국의 정상들은 세계적인 유기농업의 확산과 안전한 농산물에 대한 생산 및 교역확대를 더욱 확산시키기 위해 아젠다21Agenca21을 채택하였다. 이는 자본집약적이며 화학물질에 의존하는 농업에서 자연과 화합할 수 있는 생태적 농업으로의 전환과 자

78) 임경수, 생태농업의 국제적 동향, 환경정의시민연대 〔우리와 다음〕, 5월 6월호

원 절약적이고 환경적으로 건전한 식량생산체계를 구축하기 위해 국가적인 계획을 실천할 것을 권고하였다.

그후 UNDPUnited Nations Development Programme는 친환경 유기생태농업은 현재의 경제와 부보다 미래의 생태계가 더 중요하다는 인식을 기반으로 생태농업이야말로 자연생태계의 파괴를 멈추고 다시 회복하기 위해 인류가 선택할 수 있는 유일한 방법이며, 만일 현재의 관행적인 농업이 자행한 환경파괴에 대한 대가를 스스로 지불했다면 이미 오래 전에 생태농업으로의 전환이 이루어졌을 것이라고 선언하기도 했다.

개발환경회의에서 응집된 생태농업에 대한 세계적인 관심은 우루과이라운드의 농산물에 관한 협정에서 농업 보조금을 둘러싸고 논란을 벌이기도 했으며, 1995년 WTO 체제 이후에는 무역환경위원회Committee on Trade and Environment : CTE에서 여전히 논쟁을 벌이고 있다.

2. 세계 친환경 유기생태농업의 확산

쿠바[79)]

사회주의 국가인 쿠바는 소련이 붕괴하기 이전까지는 국영농장을 중심으로 대규모의 기계화 영농이 이루어졌었다. 사탕수수, 담배 등 환금성 작물은 주로 수출하고 식생활과 직결된 식료품은 수입에 의존하는 개방형 농업구조였다. 다량의 농약과 화학비료를 사용하였음은 물론이다. 당시 쿠바는 소맥 100%, 두류 99%, 곡류 795%, 쌀 50% 등을 해외에서 수입했으며, 총 칼로리를 기준으로 보면 식료품의 57%가 해외로부터 수입하였다.

당시 쿠바는 국민의 식량과 직접적인 연관이 없는 수출 위주의 전형적인 단작체계였다. 그러나 소련이 붕괴되고 쿠바 경제가 파탄나면서 심각한 경제난에 봉착하게 되었고 당장 식량문제를 걱정해야 하는 국가적 위기상황에 몰리게 되었다.

이러한 식량난을 타개하기 위하여 쿠바 정부는 농약과 화학비료를 사용하지 않는 친환경 유기생태농업을 대안으로 선택하였다. 종전의 화학농약 대신 생물농약과 천적을 이용하였고 내성 품종의 재배와 함께 돌려짓기윤작, 섞어짓기혼작, 피복작물[80)] 재배, 생물비료, 지렁이 분변토, 기타 유기질 비료와 천연 인산과 가축 분뇨 등을 집중적으로 사용하면서 지력을 키워 나갔다.

시민들은 발코니와 안마당, 옥상 등에서 채소, 약초 그리고 각종 과일뿐만 아니라 닭과 돼지 등 온갖 농축산물을 도시 안에서 길렀다. 도시 안의 넓은 공간에는 쌀, 옥수수, 밀 등 곡물도 재배하였다. 수도 아바나에는 가정텃

---

79) 박세길, 혁명의 추억, 미래의 혁명, 시대의 창, 2008. 06

80) 거름이 흘러 내려가거나 토양이 침식되는 것을 방지하기 위하여 재배하는 작물. 목초나 콩과 식물이 대부분이다.

밭, 개인농가, 기업농장, 협동조합농장, 자급농장오토콘스모스 Autoconsumos 등 8,000곳이 넘는 도시농장과 텃밭이 만들어졌고, 이를 3만 명의 시민이 경작하였다. 그 면적은 아바나 시 면적의 40%에 달했고 결국 쿠바는 식량자급률 95%를 달성했다.

쿠바가 친환경 유기농과 도시농업으로 식량을 거의 자급함은 물론 지역순환농업을 복원시키게 되었고, 도시에서 방출되던 배설물과 음식쓰레기들은 귀중한 농업자원이 되어 물질순환 체계의 회복에 기여하게 되었다. 또한 지역순환농업의 정착은 자연스럽게 파괴된 환경을 복원하면서 도시를 생태도시로 변모시키는 계기가 되었다. 특히 수도 아바나는 이 과정에서 세계가 주목하는 생태도시로 부상하였으며, 국민들은 자연스럽게 생태지향적 사고를 갖게 되었고, 농산물의 장거리 이동에 따른 사회적 낭비와 환경오염을 줄이면서 보다 신선한 농산물을 공급할 수 있게 되었다. 이른바 '로컬푸드' 시스템이 정착된 것이다.

이 과정에서 생산자와 소비자는 서로 얼굴을 아는 사이가 되었고 서로가 무엇을 원하는지 정확히 파악할 수 있었다. 무엇보다 도시농업을 매개로 도시인들의 교류와 협력이 활성화되면서 지역공동체가 소생하는 세계에서 유래를 찾아보기 어려운 국가공동체로 탈바꿈 하였으며 지속가능한 미래 농업문명의 한 비전으로 각인되고 있다.

유럽연합(EU)

유럽 국가들은 친환경 유기생태농업에 대한 중요성과 철학적 논리를 19세기 후반에 독일의 슈타이너Rudolf Steiner, 1861-1925와 영국의 호워드A.G.Howard, 1873-1947 등에 의해서 이미 정립하고 있었다. 독일의 슈타이너는 인간의 생명현상은 보다 거대한 우주법칙에 지배받을 수밖에 없는데, 우주법칙 하에서 인간의 생명활동은 농업에 의존할 수밖에 없으며 농업에 의존하는 만큼 인간은 대지에 배설물을 돌려놓아야 한다는 인지학적 철학을 배경으로 농업을 정의 하였고, 후학들에 의해 생명동태농업bio-dyanamic agriculture으로 불리워지고 있다. 영국의 하워드는 40년간 인도의 농업시험장에서 얻은 경험과 연구결과를 바탕으로 「농업성전」Agricultural Testament, 1940을 저술하였는데 생태학적 균형 개념에 바탕을 두고 영속적인 농업의 발전과 안정을 위해서는 지력에 바탕을 두어야 하며 지력은 토양중의 부식질로부터 유래하므로 작물의 생산과 부식작용이 균형을 이루어야 한다고 강조하였다. 그러나 오랜 시간이 흐른 뒤 1970년대 초 환경문제에 대한 정치적 관심이 고조되면서 농업에서도 환경보호를 고려하게 되었다.

유럽연합은 1992년 공동농업정책CAP을 대대적으로 개혁하였는데 이 개혁안에 공동시장조직, 휴경제, 보조금제, 농업환경조치, 농업구조조정조치, 유기 농산물의 생산, 소비, 유통 등 친환경생태농업을 위한 다각적인 조치와 정책을 포함시켰다.[81] 1991년 유럽연합 이사회는 친환경 농업 관련 규정 Regulation(EEC) 2092/91을 제정하였고, 이후 유럽연합의 친환경 농업은 지속적으로 성장했다. 유럽연합은 2004년 '친환경 농식품 계획European Action Plan for Organic Food and Farming'을 수립하여 친환경 농식품 공급체인에 대한 지원을 강화하였다. 이 계획은 친환경 농식품이 환경 외에 공중 보건, 사회 및 농촌개발, 동물복지에 주는 편익을 구체적으로 제시함으로써 지원의 근거를 마련하였다.[82]

2006년 유럽의 친환경 농식품 시장 규모는 전년대비 10% 이상 성장하여 약 140억 유로에 이르는 것으로 추정되었다. 친환경 농산물, 식품시장 규모

81) 임경수, 생태농업의 국제적 동향, 환경정의시민연대 〈우리와 다음〉, 5월 6일
82) 유찬희, EU의 친환경 농식품 현황과 미래연구 전망, 한국농촌경제연구원, 2009. 02

는 매년 빠른 속도로 성장하고 있지만 국가 간 성장 양상은 상당한 차이를 보인다. 2006년 회원국들의 전체 경지의 13%에 해당하는 680만ha 이상에서 친환경 농업이 이루어지고 있다. 2006년 유럽연합 전역에서 친환경적인 방식으로 영농이 이루어지는 전체 경지 면적이 740만ha라는 점을 감안할 때, 친환경 농업은 아직 선진국 중심으로 이루어지고 있는 것으로 파악된다.

소비 부문에서도 국가 간의 차이가 두드러진다. 예를 들어 덴마크, 오스트리아, 스위스 등의 친환경 농식품 소비량은 전체 소비량의 4.5%~5.5%에 이를 정도로 확대되었다. 반면 신규 회원국과 가입 후보국으로 친환경 농업 면적은 빠르게 증가하고 있지만, 소비량 중 친환경 농식품의 비중은 1%에도 미치지 못한다.

영국

EU 국가들에서는 친환경 유기생태농업에 대한 인식이 크게 변하고 있고 농정에서도 중요한 위치를 차지하고 있다. 영국을 예로 들어 보면 영국의 친환경 유기 농산물을 구입하는 소비자수는 10여 년 동안 현저한 증가 추세를 나타내고 있다. 영국정부가 국내 농산물의 판매 촉진을 주목적으로 하여 설립한 푸드 프롬 브리튼Food From Britain : FFB이라는 이름의 공사가 조사한 결과에 의하면 채소엽, 근채류 총소비액의 약 10%가 유기 채소라고 한다.

영국에서 유기 농산물의 유통량이 이렇게 현저하게 증대된 최대의 이유는 바로 소비자들의 먹을거리에 대한 소비의 변화이다. 현대병으로 불리는 심장병과 각종 암 등의 질병과 식생활 사이에 아주 밀접한 관계가 있다는 신뢰성 있는 연구 보고들을 정부를 비롯해 공공기관들이 제공하기 시작하였다. 이것이 크게 영향을 미쳐 최근 수년 동안에 식생활에 대한 관심이 폭발적으로 높아지게 되었다. 건강에 나쁜 영향을 미치는 식생활상의 주요 문제점으로서는 육식에 편중함으로써 초래되는 동물성 지방의 과잉 섭취에 의한 영양 불균형 문제와 배합 사료 등에 혼합된 항생 물질, 농작물에 살포된 화학물질 등이 먹을거리를 통하여 체내에 침입하여 축적되는 일들이 지적되고 있다. 이 외에도 화학비료나 미완숙 퇴구비[83]를 농작물에 과잉 투여하여 그것이 음료수지하수와 농작물을 통하여 아질산염에 의한 만성중독들 초래한다는 것도 농약의 피해와 마찬가지로 중요시되고 있다.

영국 유기농업의 선구자들은 주로 소규모의 채소생산자였다. 그들은 처음에는 농장 입구에 소매용 매점을 설치하는 일로부터 시작하였는데, 전국 각지에 유기 농산물 전문판매점이 개발됨에 따라 이들 점포와 전속 판매 계약을 맺는 경우가 늘었다. 그 후 유기 농산물에 대한 수요가 더욱 증가하게 되고 대소비지의 청과물 도매업자도 낮은 마진 또는 수수료만을 보면서 유기 농산물을 대량으로 취급하게 되었다. 이 때문에 청과물 판매점 등의 재래적인 소매업자의 취급량도 순조롭게 증가하기 시작하였다.

그리고 슈퍼마켓의 적극적 대응이다. 예를 들면, 조직적 대응으로 선구적인 역할을 한 세이프웨이에서는 처음에는 특정 생산자와 직접 계약하여 유기 농산물을 매입하였으나 유기 농산물 전문 도매회사를 설립하고 그 이후로는 영국 전체에서 유기 농산물을 매입하여 부속 점포에 배급할 뿐 아니라 다른 소매업자에게도 판매하게 되었다.

대표적인 유기 농산물 생산 농가의 대부분은 "작은 것이 아름답다small is beautiful" 등의 집필로 유명한 고 슈마하 박사가 오랫동안 회장을 역임한 유기 농업단체 "소일 어소시에이션" 산하의 두 개의 생산자 단체곡물 생산을 위주로 하는 단체와 채소 재배를 위주로 하는 단체의 한쪽에 가입하고 있다. 보통 4~7년에 걸쳐 농법 전

83) 가축 배설물을 주원료로 하는 퇴비

환에 성공한 후 가입을 허가받게 된다. 이 두 단체에 가입하는 사람 수는 순조롭게 증가하고 있는데, 1984년 200명 정도에 불과했으나 88년 말에는 1,000명 정도에 이른 것으로 추산되고 있다.

그런데 많은 독농가들이 서서히 유기 농법으로 전환하고 있는 주요한 동기는 푸드 프롬 브리튼Food From Britain, 약칭 FFB의 조사에 의하면 "농산물이 높은 가격으로 팔려 수익이 증가한다"는 목전의 이해득실이 아니라 농가 자신이 "유기 농업의 실천은 바른 선택이다"고 확신하게 된 것이 농법 전환의 주원인이다. 그들이 그러한 확신을 가지게 된 이유는 다음의 3가지로 요약된다고 한다.

첫째로, 화학 비료와 농약 사용량을 증가시키면 농지의 기초적 생산력이 저하되고 자연환경을 파괴하며 이러한 상태의 농지를 자손에게 물려주는 데 큰 불안을 느끼게 되었다는 점을 들고 있다.

둘째로, 사람과 가축에게 유해한 농약과 화학 물질의 사용량이 증가함에 따라 스스로가 농작업을 하는 중에 피해를 입을 뿐 아니라 지금 농산물에 잔류하거나 음료수에 섞여 들어가는 유독 화학 물질이 증가함으로써 가족의 건강도 파괴되지 않은가 하는 강한 우려를 하게 되었다는 점이 이유로서 지적되고 있다.

세 번째 이유는 광의의 경제적 이유라고도 해야 할 점이다. 즉 EC의 농산물 가격지지 정책을 통하여 장기간 권장되어 온 "생산량 극대화 정책"이 초래한 결과라고 할 수 있는 "현저한 과잉 생산과 가격의 구조적 하락"으로부터 탈피하려면 "지속가능한 농법"으로 근본적인 전환을 해야만 한다는 농가 스스로의 깨달음도 큰 동기로 작용하였다고 한다.

이와 같이 유기농업을 실시하는 농가 대부분이 눈앞의 수익 동향에 좌우되지 않는 자주적인 가치 판단에 의해 농법의 전환을 결단하고 있는 점은 주목하지 않을 수 없다.

영국 정부는 경영 규모화와 생산비 절감을 위해 경쟁력이 있다고 생각되는 곡물 등의 식량 증산에 중점을 둔 농정을 기본으로 해왔다. 이 때문에 유기 농업에 대해서는 매우 냉담한 태도를 견지해 왔고, 그 연구 개발 등에 대한 참여도 EU 지역 내에서 가장 늦었다.

그러나 1988년 영국 정부는 농정의 기본 방향을 식량 증산 중심에서 자연환경의 보전과 농산물의 안전성을 중시하는 유기농업의 진흥에 매진하는 방향으로 대전환 했다.

이처럼 영국 정부도 점차 유기농업에 대해 큰 관심을 나타내기 시작하였는데, 최근에는 유기 농산물에 대한 수요의 급속한 신장에 대응하고 국내 자급력을 강화하기 위하여 유기 농산물의 공동 판매를 주요 임무로 하는 전문 협동조합을 설립하기도 했다.

3. 미국

미국 최초의 친환경유기생태농업은 토양중의 박테리아에 관심을 가지고 '흙은 살아있다'라고 주장하던 로데일Rodale에 의해 1945년에 유기농업이라는 이름으로 주창되었다. 미국 농업의 자본집약적 성격 때문에 그의 주장은 빛을 보지 못하다가 1960-70년대 농약의 식품잔류문제가 사회적 관심을 끌게 되면서 소비자 및 농민들의 호응을 받게 된다.

미국 농무부는 1980년에 "미국의 유기농업에 관한 보고와 권고The Report and Recomandation on Organic Farming"라는 보고서를 통해 화학농법의 문제점을 밝히고 유기농업에 대한 지원 필요성을 언급하였다. 1983년에는 농업법Farm Bill에 유기농업에 대한 지원안이, 1985년에는 저투입생태농업LISA에 대한 연구지원안이, 1988년에는 저투입생태농업의 진흥에 대한 권고가 포함되었으며, 1990년에 Food, Agriculture, Conservation, and Trade Act가 제정되어 생태농업에 대한 다양하고 폭넓은 분야의 지원사업이 시작되어 현재에 이르고 있다.84)

4. 일본

현재 세계적으로 가장 유기농업이 활발한 나라가 일본이다. 유기농 생산자와 소비자간의 직거래 조직이 대소 1,600여개에 이르고 이들이 1971년에 설립한 『일본유기농업연구회』를 중심으로 결합되어 있다. 일본 농림수산성에서는 1989년 4월1일에 유기농업대책실을 신설하여 유기농업 실천기술의 개발과 보급에 진력하고 있다. 국회 내에도 "유기농업연구의원연맹"이 조직되어 여야를 망라한 중 · 참위원 130명이 참여하여 수시로 유기농업 세미나를 개최한 후 토론자료들을 농림수산성이나 농협에 제공하고 실천을 위한 지원을 아끼지 않았다. 농협에서는 각 단위농협별로 조합원들에 대한 유기농업 교육과 함께 "유기 농산물생산단지"를 조성하고, 가장 중요한 발효퇴비 제조와 공급을 위한 공동퇴비장을 설치 직영하면서 조합원들에게는 양질의 발효퇴비를 실비 또는 무상으로 제공하고 있다.

환경보전형 농업을 목표로 에코파머 제도를 운영하고 있다. 에코파머의 인정은 1999년 10월 시행된 「지속성 높은 농업생산방식의 도입에 관한 법률」지속농업법에 근거한다. 그 생산방식의 도입에는 배토, 화학비료 절감, 화학농약 절감의 3가지 기술을 기본으로 하는 것이 조건이다. 에코파머로 도도부현都道

84) 임경수, 생태농업의 국제적 동향, 환경정의시민연대 〔우리와 다음〕, 5월 6월호

일본의 전형적인 농촌 모습

府縣 지사로부터 인정을 받게 되면, 필요한 자재 및 기계의 구입, 임대에 대한 농업개량자금의 대출 및 세금의 특례를 받을 수 있다.

도입 초년도인 2000년 3월말의 인정자는 고작 12명이었으나, 2002년도부터는 연간 1만 5,000~2만 명의 규모로 늘면서 2006년 9월 말 현재 111,273호戸로 늘어났다. 환경보전과 안정 · 안심할 수 있는 농산물을 요구하는 소비자의 요구에 부응하여 농약 등의 사용을 억제하는 움직임이 전국적으로 확대되고 있는 것이 인정 증가의 배경이다. 기업이 에코파머의 원료를 사용하여 가공식품을 만드는 등 에코파머의 농산물이 선풍적인 인기를 끌고 있다.

일본 정부가 환경보전형 농업지원으로 2007년도부터 시작하는 「환경지불」농지·환경보전 향상대책이 에코파머가 늘어나게 된 계기가 되었다. 품목별로 살펴보면 야채가 전체의 51%, 과수 24%, 수도 20%, 화훼 0.4%로 나타났다. 지역별로 보면 후쿠시마14,900호, 구마모토8,150호, 이와테7,701호, 야마나시6,581호, 이

바라기6,046호 순이다. 에코파머가 수천 명 단위의 현이 있는가 하면, 1자리수대에 머무는 현도 있어 그 차이가 심하다.

국제유기농업운동연맹 일본 지부는 다른 국제 조직과 연계하여 다양한 유기농업운동에 참여하기도 한다. 또한 범세계적인 유기농업운동을 촉진시키기 위하여 일본 국내외에서 지도력을 행사하는 데 목적을 두고 있다. 뿐만 아니라 합성농약이나 화학비료에 의해 오염된 토양, 물, 작물의 질적 회복을 추구한다. 이러한 목적을 달성하기 위하여 소비자, 생산자, 가공업자, 유통업자들을 교육시키고 유기농업, 지속농업, 자원재생농업의 확대로 생활환경의 회복뿐만 아니라 모든 생물이 공생하는 자연환경을 유지하는 데 기여하고자 노력하고 있다.

10

슬로푸드

물질문명의 발달과 더불어 이 시대를 살아가는 인류의 식생활과 식문화도 많은 변화를 가져왔고 이는 현대 문명의 중요한 한축으로 자리매김하고 있다. 현대 도시인들의 일상은 대부분 무척이나 바쁘고 빠르게 살아간다. 아침도 대충 먹거나 빵조각으로 때우기 일쑤이고, 점심은 회사근처의 식당에서, 그리고 저녁은 회식이 있거나 외식으로 이어진다. 집에서 가족 모두가 느긋하게 오순도순 식사할 여유도 흔치 않다. 가족들과의 식사뿐만 아니라 심지어 대화까지 줄어들고 있는 실정이다.

이와 같이 현대인은 식생활만 그런 것이 아니라 삶 전체가 여유가 없고 바쁘다. 치열한 경쟁에서 살아남기 위한 스트레스와 긴장은 현대인들의 영혼마저도 황폐하게 한다. 우리 모두의 삶 전체가 바쁘고 빠르고 여유가 없는 초긴장의 연속이다.

거기에다가 첨단 IT산업의 발달은 인간의 활동영역뿐만 아니라 사고의 틀마저도 변화시키며 과거와는 전혀 새로운 인류문명을 형성시키고 있다. 현대문명은 시간단위로 변화하는 것이 아니라 초단위로 변화하고 있다. 눈 깜짝할 사이에 정보의 홍수에 빠질 수 있는 인터넷의 발달은 말할 것도 없다.

Slow Food®

슬로푸드 운동은 이탈리아 로마의 스페인 광장 옆에 미국의 맥도날드가 진출하자 이탈리아 음식을 사랑하는 사람들이 패스트푸드가 가져올 맛의 획일화를 반대한 것이 계기가 되었다. 이탈리아 로마의 스페인 광장에 새겨져 있는 슬로푸드 로고 모양.

인간 존재의 중요한 수단일 수밖에 없는 식문화도 금세기에 들어오면서 초고속으로 빠르게 변화하여 왔다. 빠른 것은 선이요 느린 것은 악이 되어 버린 듯 한 세대이다.

먹을거리만 하더라도 빠른 세태를 반영하듯 빠른 음식 즉 패스트푸드fast food가 일상의 우리 식생활에 깊이 침투하고 있고, 전통음식은 점차 그 자리를 잃어가고 있으며 획일화된 식생활이 보편화되고 있다. 어린 세대들은 밥보다는 햄버거나 피자가 더 입맛에 맞는다. 다양한 맛을 느낄 수 있었던 전통음식의 선호도가 점차 줄어가고 있고 햄버거와 피자와 같은 획일화된 맛에 점차 길들여지고 있다. 이러한 전통 식생활과 식문화의 쇠퇴는 단순히 먹을거리의 변화만을 의미하지 않는다는데 문제의 심각성이 있다.

미국의 사회학자 조지 리처는 '맥도날드 그리고 맥도날드화'라는 저서에서 맥도날드는 패스트푸드의 대명사로서 효율성, 계산 가능성, 예측 가능성, 통제 등으로 특징되는 현대사회의 비문화성과 비인간성을 그대로 보여준다고 비판적으로 분석하고 있다. 사회가 맥도날드화 된다는 것은 효율화, 합리화된다는 뜻이지만 동시에 문화와 인간성을 잃어간다는 의미라는 것이다.

이와 같이 식생활이나 식문화의 변화는 인간과 문화는 물론 사회 · 경제 전반에 큰 영향을 미치게 된다. 이러한 문제의식에 근거하여 태동된 운동이 슬로푸드 운동이다. 이 운동은 1986년 이탈리아의 유서 깊은 스페인 광장의 한가운데 맥도날드가 진출하는 것을 보고 전통음식문화에 대한 위협을 감지하여 미식의 즐거움, 전통 음식문화의 보존, 있는 그대로의 자연의 흐름 찾기 등을 내걸고 시작한 식생활 문화운동이자 철학이다.

슬로푸드 운동은 단순히 패스트푸드를 반대하는 차원을 넘어 패스트푸드로 상징되는 '효율지상주의'와 '맛의 표준화'라는 식문화 제국주의에 대항하는 국제적인 문화운동으로 자리매김하고 있다. 슬로푸드 운동의 대표적인 활동은 생물의 종 다양성 운동을 통해 유전자 조작, 환경변화 등으로 사라지고 있는 종자를 보호하는 일과 미각교육을 통해 사람들에게 하나의 음식이 만들어지기까지의 재배, 유통과정에 관심을 가질 수 있도록 하는 일이다.

특히 중점을 두는 부문은 아이들에게 미각교육을 실시함으로써 아이들이 좋은 먹을거리의 맛을 알 수 있도록 하고 더 나아가 미래의 소비자로서 좋은 먹을거리에 관심을 가질 수 있도록 하는 일이다. 또한 생산자와 소비자의 간극을 좁혀 소비자 역시도 공동 생산자임을 자각하게 하여 모든 먹을거리의 유통과정과 재배환경에 관심을 가질 수 있도록 돕고 교육시켜 더 나은 먹을거리 문화를 정착시켜 나가는 일이다.

전세계 132개국, 10만 명의 슬로푸드 회원이 슬로푸드 운동을 하고 있으며 세계적으로 확산되고 있으나 우리나라의 슬로푸드 운동은 일부 운동가와 뜻있는 분들에 의해 이제 겨우 태동하고 있는 단계이다. 그럼에도 불구하고 현대 사회 속에서 속도와 경쟁, 효율로 상징되는 비인간적 · 비문화적 가치에 의해 매몰되어 가는 인간과 자연, 문화와 문명, 농업과 생태를 살려 내는데 슬로푸드는 인간의 삶과 미래에 크게 기여하고 인간적 · 문화적 가치를 창출할 수 있는 농업문명의 전환운동으로써 그 중요성과 의미는 다시 한 번 주목해 봐야 할 것이다. 이제 슬로푸드 운동에 대해서 조금 구체적으로 살펴보자.

1. 슬로푸드 운동의 배경

슬로푸드 운동은 빠른 문명과 빠른 생활 그리고 빠른 식문화와 기계화에 의해 규격화된 대량생산을 통한 맛의 표준화, 그리고 전 지구적 미각의 동질화에 반대하며 나라별 · 지역별 특성에 맞는 전통적이고 다양한 음식 · 식생활 문화를 계승 발전시키기 위해 출범한 세계적인 운동이다. 20세기 후반인 1986년에 카를로 페트리니 등에 의해 제안되었고 1989년 슬로푸드 선언문 낭독을 시작으로 본격적인 활동을 시작하였다.

슬로푸드 운동은 또한 신자유주의 세계화에 대항하는 국제적 연대의 확산 운동이기도 하다. 신자유주의 핵심이념은 공동체 의식보다는 개인의 이익을 추구하며 이는 결국 이윤의 극대화와 무한 경쟁이라는 사회적 가치를 최우선으로 한다고 볼 수 있다. 결국 세계화나 무역자유화는 물질적 이윤 창출

경기도 안성의 서일농원

이라는 이념에 매몰되어 지구환경의 무분별한 훼손과 인간의 근원적 본성의 훼손을 초래하게 되고 결국 인류전체의 삶의 질을 떨어뜨린다는 위기감에서 슬로푸드 운동은 출발하였다.

또한 슬로푸드 운동이 태동하게 된 또 다른 이면에는 환경파괴와 저임금, 비정규직 고용 등 맥도날드의 경영방침이나 해외진출 등을 문제 삼은 영국 그린피스Green Peace의 맥도날드 반대 운동의 확산이 계기가 되었다. 패스트푸드가 고지방, 고콜레스테롤 식품으로 건강을 해친다고 주장한 미국심장보존협회의 맥도날드 반대운동의 확산, 그리고 1999년 한해에만 23개국, 345개 도시에서 425건의 맥도날드 반대행동이 벌어졌으며 해가 갈수록 전세계로 확산추세에 있었던 시대적 조류와 함께 했다고 할 수 있다. 우리나라에서는 2000년 10월 한국 아나키스트 네트워크The Korean Anarchist Solidarity 회원을 중심으로 맥도날드반대 운동을 시작하기도 했다.

그밖에도 슬로푸드 운동은 세계적으로 발생하는 식품의 안전성 사고에 대한 경각심을 고취시키기 위한 운동이기도 하다.

2. 슬로푸드 운동의 발전과정

1986년 이탈리아 브라Bra를 중심으로 시작되어 자국 내에 머물렀던 운동은 1989년 프랑스 파리에서 15개국의 대표자가 모인 가운데 슬로푸드 선언문을 채택하고 국제운동으로 공식 출범하게 되었으며, 1990년에는 'Slow Food Editore'라는 출판사를 설립하여 슬로푸드 운동을 체계적으로 홍보, 전파할 수 있게 되었다.

1990년대 중반 광우병의 발생, 유전자 조작 농산물GMO에 대한 논란 등을 계기로 회원수가 급격히 증가하여 1995년 2만 명에서 2000년 말 42개국 6만 5천 명으로 증가하였고 2010년 현재 132개국 10만 명의 회원을 확보하고 있다. 1996년 5개 언어로 발간되는 음식전문 저널인 「Slow」가 이탈리아어, 영어, 독어, 프랑스어, 스페인어로 창간되었고 첫 Salone del Gusto살롱 데 구스토와 Ark of Taste맛의 방주가 개최되었다.

2000년에는 패스트푸드의 본산인 뉴욕에 사무실을 개설하였고 2001년에는 유럽연합EU 본부가 있는 브뤼셀에 사무실을 개설하여 유럽연합을 상대로 농업 · 환경 및 무역정책에 대한 정치적 활동을 본격적으로 시작하였다. 또한 Presidia프레지디아가 시작되어 장인들을 적극적으로 돕기 시작하였다.

2004년에는 이탈리아 토리노에서 소비자, 생산자, 요리사, 학자 등 음식 관련 분야의 사람들의 국제적인 네트워크인 테라마드레Terra Madre가 처음으로 개최되었다.

3. 슬로푸드 이념

인간은 모두가 전통과 문화를 바탕으로 한 음식을 즐길 기본적인 권리가 있으며 음식의 전통을 지킬 책임이 있다. 이러한 인식에서 슬로푸드는 자연의 속도 그대로 맛있는Good 먹을거리, 깨끗한Clean 먹을거리, 공정한Fair 먹을거리를 추구한다. 슬로푸드는 획일적이고 인위적인 맛을 멀리하고 순수한 먹을거리로 만든 음식본래의 맛을 되찾는 것이다.[85)]

맛있는Good 먹을거리란 오랫동안 이어져온 음식의 본래의 맛을 되찾는 것이다. 수많은 식품 첨가물의 맛에 길들여져 자연 그대로의 재료, 전통의 음식의 맛을 알지 못하는 현대인들에게 획일적이며 인위적이지 않은 순수한 먹을거리로 만든 음식 본래의 맛을 되찾아 주는 것이 목표이다.

깨끗한Clean 먹을거리란 땅과 환경, 생명을 존중하는 먹을거리이다. 생산량을 빨리 늘리기 위해 유전자 조작, 화학비료, 성장촉진 호르몬, 농약, 항생제와 같은 인위적인 방법을 쓰지 않고 자연의 이치와 흐름에 맞춰 깨끗한 방법으로 기른 식재료를 사용하자는 것이 목표이다.

공정한Fair 먹을거리란 생산자들의 수고에 적정한 가격으로 보상한 공정거래를 거친 음식을 말한다. 이를 통해 소비자와 생산자는 하나의 공동체로서 함께 잘 사는 사회를 만들 수 있다.

---

85) 슬로푸드문화원, Good, Clean, Fare, 2009, p.7

SLOW FOOD PROMUOVE
Slow Food
Slow Food
SLOW FOOD PROMOTES
INTESA SANPAOLO

슬로푸드는 먹을거리를 생산하고 가공하는 방식과 관련된다. 패스트푸드가 등장하기 전 인류는 자연의 흐름에 맞는 식재료를 사용하여 음식을 해먹고 그 음식을 보존하는 방법을 연구하여 그 문화를 발전시켜 왔다. 경쟁이 가장 중요한 가치인 산업사회가 되기 이전에 생산된 먹을거리가 슬로푸드라고 할 수 있다. 즉, '슬로푸드는 자연의 순리에 따라 생산한 먹을거리'이다.

슬로푸드는 식사 방식과도 관련이 있다. 식사를 배를 채우기 위한 행위로 인식하고 단숨에 음식을 먹어 치운다면, 아무리 슬로푸드 먹을거리라 하더라도 그것을 슬로푸드 식사로 볼 수는 없다. 음식에 대해 생각하고, 음식을 만든 사람에게 감사하며, 음식을 음미하면서 먹는 것이 슬로푸드의 핵심이기 때문이다.

슬로푸드는 여러 가지 이점을 가지고 있다. 우선 먹을거리의 가장 기본적인 원칙이라 할 수 있는 먹는 사람의 '건강'에 기여한다. 슬로푸드를 먹으면 각종 성인병을 예방할 수 있다. 또 슬로푸드는 인격 함양에도 긍정적인 영향을 미친다. 그리고 슬로푸드는 전통음식을 보존하고 전승하는 데 기여한다.

4. 슬로푸드 각종 행사와 프로젝트

슬로푸드 운동의 목표는 종다양성 보호, 미각교육, 생산자와 공동생산자의 연결 이렇게 3가지로 요약할 수 있다. 이 목표를 위해 지역단위, 혹은 지구적 단위로 많은 활동들이 이루어지고 있다. 슬로푸드 운동은 단순히 맛있는Good 먹을거리 · 깨끗한Clean 먹을거리 · 공정한Fair 먹을거리 그 자체를 천천히 조리하여 천천히 먹는 행위만을 의미하는 것은 아니다. 세계 각 나라나 지역이 가지고 있는 전통적인 음식 문화를 재발견하여 보호하고, 널리 알리는 일은 물론 최초의 원료를 어디서 · 누가 · 어떤 방식으로 재배했는지, 그것이 어떤 과정을 거쳐 가공되었는지, 이런 것들을 모두 추적할 수 있는 음식이 바로 좋은 음식 즉 슬로푸드임을 인식하는 음식시민food citizen[86]을 양성하는 일과도 관련된다.

슬로푸드 운동은 본부와 개별국가에 있는 지부단위로 활동을 전개한다. 이탈리아 브라bra에 있는 슬로푸드 국제본부는 그 철학과 이념을 확산시키기 위해 다음과 같은 각종 행사와 장기 프로젝트를 진행하고 있다. 주요한 활동은 다음과 같다.

86) 음식시민이란 음식에 대한 관심을 바탕으로 '음식문맹'에서 깨어난 시민을 말한다. 음식문맹을 넘어 다양한 먹을거리의 문제점을 분석 · 이해하고, 환경과 건강, 나아가 생산자와 소비자의 건전하고 발전적인 관계까지 자각하는 시민을 음식시민이라고 한다. 슬로푸드뿐만 아니라 로컬푸드의 중요성을 자각한 시민이라고 볼 수 있다(슬로푸드문화원, 2009, P.19).

테라 마드레 Terra Madre

대지, 곧 어머니라는 뜻의 라틴어인 테라 마드레는 슬로푸드의 가장 큰 국제적 행사 중 하나이다. 테라 마드레는 좋고 깨끗하고 공정한 음식 생산 시스템 구축을 위한 행사이다. 테라 마드레를 통하여 먹을거리의 소중함을 알고 먹을거리를 제공하는 환경에 경의를 표하는 공동 생산자라 불리는 소비자, 맛의 다양성 · 문화 · 전통을 위해 노력하는 음식 생산자 그리고 요리사, 지역 공동체 대표인, 학자, 그리고 젊은이들이 함께하는 국제적 조직 활동이다. 기업화된 농업이 지배적인 상황에서 테라 마드레를 통하여 작은 규모의 지속 가능한 지역 생산 체계를 구축하려 노력하고 있다. 즉, 생산자 · 소비자 · 연구가 등 모든 음식 공동체를 한자리에 모을 수 있도록 지원한다.

슬로푸드는 2004년 10월 토리노튜린에서 세계의 음식 공동체 모임인 첫 번째 테라 마드레를 열었다.[87] 130개국의 1,200개가 넘는 음식 공동체와 농부,

목축업자, 어부, 가공자, 유통자, 요리사 그리고 농업 전문가들에 이르기까지 5,000명에 이르는 대표자들이 2004년 테라 마드레 행사에 참석하였다. 2006년 행사 때에는 전세계 150여 개국의 1,600여개의 먹을거리 공동체, 5,000여 명의 농부와 어부, 1,000여 명의 요리사, 400여명의 학자와 그 밖에 다양한 먹을거리 생산자들이 참석했다.

2010년 행사에는 169개국의 6,500여 명이 참석했으며 한국도 최초로 한국관을 운영하여 12,000여 명이 방문하기도 했다.

2년에 한 번씩 열리는 테라 마드레에 참석하는 사람들은 먹을거리와 관련된 일상의 문제점에서부터 생물역학이나 유전자 공학 등과 같은 전문적 주제들로 채워진 패널 토론에 참가한다. 이런 패널토론을 통해서 같은 분야이지만 서로 다른 환경에서 살아가는 사람들을 만날 수 있다. 예를 들어, 터키에서 온 양봉가들이 잠비아와 멕시코에서 온 양봉가들과 만나 그들의 경험을 공유한다. 불가이아의 베리 생산자들은 캐나다의 블루베리 생산자들을 만난다. 에티오피아, 온두라스, 그리고 라오스에서 온 커피 생산자들은 그들의 일에 대하여 토론하고 문제점들의 현실적 대안을 모색하기도 한다.

이와 같이 테라 마드레는 생산자들 사이에 새로운 조직망을 만들어 낸다. 이곳에서 만난 농업인들, 생산자들, 그리고 유통인들은 이 만남을 통하여 홈페이지를 통해 또는 다른 여러 가지 방법으로 테라 마드레 후에도 지속적으로 정보를 교환하고 시장의 동향을 살피며 생산품들을 국제적으로 홍보한다.[88]

---

87) 테라마드레는 2년에 한 번씩 이탈리아 토리노에서 개최된다.
88) 슬로푸드문화원

살롱 델 구스토Salone Del Gusto, 음식박람회

세계 각국에서 모인 음식들의 장터다. 보통 테라 마드레 기간 동안 함께 열리는데 맛깔스런 디저트에서부터 곡식, 채소, 고기, 치즈, 잼, 맥주, 샴페인까지 거의 모든 음식들이 차려진다. 참가자들은 수백여 개의 맛 워크숍Taste Workshop에도 참석할 수 있다. 이 행사는 양심적인 생산자들이 대중과 만날 수 있는 자리를 마련해줌으로써 그들이 생산한 좋은 품질의 상품을 시장에 선보이게 하고, 진정으로 맛있는 음식이 무엇인지를 생각하게끔 하는 자리이기도 하다. 매짝수해 10월에 개최되며 15만명 이상이 다녀가는 대규모 행사다.[89)]

슬로푸드 상 Slow Food Award

매년 생태계의 다양성 보존을 위하여 가축의 품종을 보호하고, 채소 종자를 보존하며, 사라질 위기에 놓인 음식 보전과 생태계 보존에 공헌한 개인 · 단체 · 마을공동체 · 연구소 등을 선정하여 시상한다.2001년 제2회 시상식에서는 아시아에서 처음으로 한국의 300년 전통 죽방멸치잡이와 멸치상품이 수상했다. 이 상은 경남 남해군 지족리의 죽방멸치잡이 21가구에게 주어졌다.

Cheese, Slow Fish

슬로푸드의 행사 중 치즈와 슬로피쉬는 특정 품목들을 위한 행사이다. '치즈'는 이탈리아 브라에서 2년마다 치즈 생산자들과 치즈 산업에 관련된 모든 사람들이 모이는 치즈 페스티벌이며 '슬로피쉬'는 수산업 관계자들이 한자리에 모인다. 2004년 제노아Genoa에서 처음 시작되었으며 전시회 · 컨퍼런스 · 워크숍 등 다양한 행사가 진행된다.

---

89) www.salonedelgusto.com

Terra
madre

미식과학대학교 University of Gastronomic Sciences

지속가능한 먹을거리를 생산하고 발전시키기 위해 슬로푸드 운동본부가 세운 음식문화 종합대학이다. 세계 최초로 요리와 농업을 연결시켜 학문적으로 생물종 다양성 · 지속가능한 소규모 농업 생산방식 · 지구의 생태 · 환경 · 농업 · 식품문화 · 요리 등을 두루 연구하고 전통과 관습이 깃든 음식의 고향을 찾아가 직접 맛보고 배운다.

맛의 방주 The Ark of Taste

이 프로젝트는 1996년 Torino에서 열린 제1회 Hall of Taste에서 시작되었다. 1년 후 Serralunga d'Alba에서 이 프로젝트의 선언문이 만들어졌다. 이 프로젝트의 목적은 산업표준화, 대형 소매업체의 세계시장 지배, 세계 식량의 95%가 30개 작물 미만에 의해 공급되고 있는 대규모 단작화로부터 소규모 고품질 식량생산을 구하고 보호하기 위한 것이다. 또한 생물학적 다양성을 약화시키는 정책으로부터 소규모 고품질 식량생산을 보호하기 위한 것이다. 나아가 기록은 없으나 풍부한, 그리고 경제적 · 사회적 · 문화적 유산인 복잡한 농민 및 장인들의 기술, 오랜 전통의 노하우와 기술을 보호하기 위한 것이다. 이 프로젝트는 잊혀진 맛과 고립적인 상황과 어려운 조건경사면, 관개의 부족때문에 위기에 처한 치즈 · 야채 · 종자 · 토종고기 등의 세계를 찾아내고, 목록을 만들어 점검하고, 이를 널리 알리는데 힘쓰고 있다. 슬로푸드 운동은 이 프로젝트의 일환으로 소규모 고품질 농업생산에 대한 전수조사를 실시한다.

맛의 방주는 고기, 생선, 과일, 야채, 육류의 보존법, 치즈, 곡물, 파스타, 케이크, 캔디 등의 먹을거리 생산품, 혹은 생산 방법들 중에 특정 공동체, 문화에 밀접하게 연결되어 있고 생산력이 있는 것들과 상업적인 발전 가능성이 있음에도 불구하고 멸종 위기에 처해 있는 먹을거리를 분류, 설명하여 대중들에게 알리기 위한 활동이다. 전세계 각지에서 수집된 500여 개 이상의 맛, 요리법, 먹을거리들이 영어, 프랑스어, 독일어, 이탈리아어, 스페인어, 일어 등 6개 국어로 번역되고 보존되었다.

1997년 이탈리아에서 방주과학위원회the Scientific Commission of the Ark가 구성되고 맛의 방주에 선택되는 품목에 관한 기준이 정해졌다.

방주의 품목들은 반드시 매우 우수한 맛의 질을 지녀야 하며, 특정한 지리적 지역과 연결되어 있어야 하고, 소규모의 장인 생산자들에 의해 만들어져야 하며, 지속 가능한 농법에 의해서 생산되어야 하고, 멸종의 위기에 처해 있어야 한다.

이에 따라 국가방주위원회의 연구자들, 과학자들, 그리고 음식 전문가들이 미국과 독일을 시작으로 스웨덴 · 네덜란드 · 프랑스 · 스페인에서 활동하게 되었고 현재 다른 많은 나라에서도 활발한 활동을 하고 있다. 2002년 10월 26일에는 다양한 국가단체의 회원들로 구성된 국제위원회가 설립되었다. 이 단체는 국가위원회나 국가 내에 아직 슬로푸드 회원들이 없는 나라에서 생산되는 물품의 채택과 그에 관련된 과정들을 관리한다. 맛의 방주가 항해를 시작한 이래 네덜란드의 마스티취 지역의 소고기 파이와 브라질 움부와 바바쑤의 과일, 미국 달라웨워만의 굴, 핀란드의 칼라쿠코 빵에 이르기까지 12개국이 넘는 곳에서 500개가 넘는 품목들이 맛의 방주로 채택되었다.

슬로푸드 프레지디아 Slow Food Praesidia

프레지디아는 먹을거리의 장인들을 돕기 위해 2000년 창설되었다. 이 활동은 전통의 방식으로 먹을거리를 생산하는 사람들을 지원하고 시장을 개척

할 수 있도록 도움으로 전통음식을 활성화하고 전통적인 생산 방법을 보호한다. 또한 멸종 위기에 처한 좋은 먹을거리를 보존하고 특색 있는 지역과 생태계를 보호하며 전통적 생산 방식을 되찾고 그 지방 고유의 종들과 지역 식물 종들을 보호한다.

프레지디아를 통하여 슬로푸드는 직접적으로 생산자들을 발굴하고 생산품질 향상을 위한 기술적 도움을 제공하며 다른 지역과 나라 사이의 정보가 교환될 수 있도록 돕고 있다. 이탈리아에서 두 개의 활동으로 시작하였지만 현재 전세계에 270개가 넘는 활동이 활발히 진행되고 있다.

프레지디아의 목표는 장인의 생산품 장려, 생산 기술의 안정, 엄격한 생산 기준의 설립, 문제의 전통적 먹을거리의 실용적인 미래 보장 등이다.

미각 교육

잃어버렸던 감각들을 재각성 시키고 훈련시킴으로 먹는 즐거움을 재발견하고 음식이 어떻게 만들어졌는지, 그 재료들은 누가 생산해 냈는지에 관하여 관심을 가지는 것이 얼마나 중요한지를 깨닫게 하는 교육이다. 음식 전문가와 함께하는 미각 실습활동과 지역 지부에서의 지역음식 소개와 생산자 연결 활동을 통해서 좋은 음식과 재료를 소개한다. 특히 지역 지부에 위치한 학교 가든과 같은 교내 활동들은 어린 아이들에게 그들이 먹는 음식을 직접 길러보기도 하고 그 음식들에 관하여 직접 배울 수 있는 경험을 제공한다.

슬로푸드 운동본부는 과학과 음식의 문화와 관련된 다양한 분야의 아카데미 프로그램을 제공하기 위하여 미각과학대학교The University of Gastronomic Science를 설립하였으며 이 학교를 통해 슬로푸드의 과학성과 전통성을 통합하는 이론과 실기교육을 담당하고 있다.

슬로푸드 운동본부는 교사들에게 재교육 및 훈련과정을 제공하여 지식과 경험을 이용가능하게 하고, 학술대회1997년 5월 5~7일 학술대회, 그리고 학교에 미각의 이용에 관한 강의와 워크숍의 활동을 권장한다. 1997년 7월 7일 교사 훈련코스가 이탈리아 12개 도시에서 개설되기도 했다.

반유전자조작식품 청원운동 Anti-transgenic vines

EUEurope Union가 포도종자에 유전자조작식품 허용여부에 대한 토의를 하게 되자 슬로푸드 운동이 유전자조작식품을 허용하지 못하도록 벌인 청원운동이다. EU 회장에게 품질 · 다양성 · 안전의 원칙하에 유럽농업의 재개편에 관한 논의를 요구하였다. 슬로푸드 운동의 기본구조인 지부도 다양한 활동을 벌이고 있다. 한 국가에 하나의 지부만 있는 곳도 있지만 대부분 국가에 여러 지부가 설치되어 있다.

슬로푸드 운동에서 각 지부는 역사 · 문화 · 음식의 측면에서 동질적인 지역의 목소리를 나타낸다. 모든 지부들은 지식 · 미각 · 즐거움을 위한 느린 · 초대륙적 · 하이퍼칼로리 네트워크를 형성한다. 지부 목표 중 일부를 소개하면 "즐거움을 누린다 · 즐거움 속에서 새로운 사람들을 만난다 · 지역의 전통 및 고품질의 상품을 장려한다 · 슬로철학을 널리 전파한다 · 다른 지부를 방문하는 여행프로그램을 조직한다" 등이다.

지부에서 벌이는 행사는 매우 다양하다. 이 중 일부를 보면 포도농장 방문 및 시음 · 특정나라의 음식으로 된 저녁식사 · 토론회 · 칼로리 저녁식사 · 시음 및 시식회 · 생산자들과의 대화 · 술과 음식 궁합찾기 · 다양한 주제에 대한 간담회음식구성의 역사, 식사습관, 요리의 역사적 발전 등 · 특별 저녁식사크리스마스 디너, 발렌타인 디너 · 음악을 곁들인 식사 · 와인 양조장 그룹투어 및 시음 · 슬로우 생활 심포지엄 및 식사 · 다른 지부의 방문여행 ; 상호이해의 증진 · 가정음식 및 과일 경연대회 · 시음 Workshops · 초청특강 등이다. 이러한 활동을 볼 때 각국 지부가 지역사정에 맞게 다양한 프로그램을 전개하고 있음을 알 수 있다.[90]

기타

포도주에 대한 공부와 시음을 위해 마련된 '포도주 컨벤션'은 원탁회의와 감각분석organoleptic analysis을 위한 모임이며 생산지역과 포도주 저장고를 방문하기도 하고 저녁식사 후 전세계에서 만들어진 포도주를 마시는 3일간의 행사로 진행된다. 1991년 첫 행사가 치러진 후 1993년, 1995년에 이어졌으며 1년에 두 번 상표를 숨긴 외국 및 이태리 포도주의 시음대회에 5,000명 정도가 참석한다.

또한 젊은이들이 고급요리에 익숙하도록 하기 위해 마련된 'Taste Week 행사'도 있다. 행사가 진행되는 일주일 동안 60개 이상의 최상급 이탈리아 식당들이 26세트의 싼 가격에 메뉴를 제공한다. 아마존 인디언을 위한 병원 간이식당 설치, 사라예보에 학교의 재건, 1997년 지진으로 크게 피해를 입은 움

90) www.slowfood.com, 슬로푸드 한국위원회

바리안Umbarian 우유공장의 재건축 등과 같은 자선 활동에 재정을 지원하는 우정의 테이블Friendship Tables 행사도 있다. 시음 워크숍으로서 슬로푸드의 행사 중에서 가장 돋보이는 행사인데 가이드 안내에 따라 포도주 시음을 통해 참석자들은 생산기술을 알고 음식과 포도주의 역사와 맛을 발견하며 새로운 조합을 시험하기도 한다. '시음Hall' 행사는 전세계 고품질의 음식과 포도주 소규모박람회의 일환으로 1996년 이탈리아 토리노에서 열렸고 소수 참여자에게만 공개되었다. 슬로푸드가 일반인에게 공개한 1998년의 행사에는 12만 명의 방문객을 기록했고, 33,000명이 참가한 가운데 304 시음 워크숍이 열렸으며, 20개국을 대표한 354명의 식품예술가 등이 참가하여 성황을 이루었다.

5. 각국의 활동 사례

슬로푸드 운동의 시발지인 이탈리아는 앞에서 언급한 활동 외에도 매년 가을 피에몬테Piemonte 주의 알바Alba라는 마을에서 개최되는 '송이버섯Truffle' 페스티벌을 개최한다. 치즈 · 와인 · 밤 · 버섯 등의 지역특산품을 함께 선보이며 유럽과 전세계에서 관광객들이 몰려든다. 엑설렌시아Excellentia는 세계 각국에서 만들어진 포도주를 시음하는 3일간의 행사로 1991년 이후 격년제로 개최하고 있다.

미국은 패스트푸드와 패스트라이프fast life의 종주국이긴 하나 최근 들어 슬로푸드 운동이 급속도로 확산되고 있다. 1999년부터 3년간 유료회원 수가 20배 정도가 늘어나 이탈리아 다음으로 많은 7천여 명이 활동 중이며, 멸종위기에 처한 작물이나 전통음식을 발굴 · 보존하고, 이를 위해 정보수집 및 데이터 뱅크 설립하는 맛의 방주Ark of Taste와 동물종의 보호 활동을 펼치고 있다.

또한 전통 치즈 · 조미료 · 젤리 · 잼 등 전통음식 보존을 위한 식품관련 세미나 및 토론회를 개최하고, 전통요리 실기과정을 프랑스요리 연구회와 협력사업으로 운영하기도 한다. 슬로푸드 철학 전파를 위한 강의 활동과 함께 어린이를 위한 '우리학교 정원 가꾸기' 사업도 추진하고 미국 오리건 주와 이탈리아 에밀리아 · 로막나 지역 식당운영자, 와인생산자간에 자매결연을 추진하며, 슬로푸드 프랑스협회와 공동으로 프랑스음식 시식대회를 개최하기도 한다.

그 밖에도 미국산 슬로푸드를 시식하는 미각축제, 지역 전통 햄 시식대회, 미국 백포도주 축제, 브루클린 전통돼지 축제, 메이저리그 올스타 소시지 시식대회 등을 통하여 지역사회에 적극 알리는 사업을 추진하기도 한다. 미국 내 회원들을 대상으로 소식지 『The Snail』을 발간하고 있고, 뉴욕 신선채소 장터 개설Marketplace of fresh products 사업 등을 시행하기도 한다.

우리나라에 슬로푸드 운동이 도입된 것은 2000년 무렵이며 이때 제2회 슬로푸드 시상대회에서 죽방멸치가 슬로푸드로 지정되었다. 이 즈음에 지금은 활동을 하고 있지 않은 슬로푸드 한국위원회가 생겼고 경기도가 처음으로 슬로푸드 마을 지원사업을 추진했다. 우리나라에서 슬로푸드 운동이 다시 주목받기 시작한 것은 2007년 팔당에서 슬로푸드문화원이 출범한 이후부터이다. 이후 전남 담양 창평면 · 장흥 유치면 · 신안 증도면 · 완도 청산면 등이 슬로시티로 지정되며 다양한 슬로푸드 관련 행사가 진행되고 있다. 또한 2011년 세계유기농대회를 개최하는 남양주시에서는 한국 슬로푸드의 메카로 자리매김하기 위해 노력하고 있다.

6. 슬로푸드 운동의 방향

슬로푸드 운동은 농업문명의 전환을 위해서는 슬로푸드의 확산이 필수적이라는 인식하에 경쟁력지상주의와 물신주의에 대한 저항운동으로 규정하고, 패스트푸드라는 먹을거리 자체에 대한 반대에 그치지 않고 패스트푸드 문화의 배경인 신자유주의 가치관에 대한 반대운동이라고 할 수 있다.

또한 슬로푸드 운동은 부존자원을 최대한 활용해 질 좋고 안전한 먹을거리를 생산 · 소비하고 환경을 보전하는 것을 최고의 덕목으로 간주하고, 전통식문화를 보존하며 우리 먹을거리를 중시하는 또 다른 신토불이身土不二운동이어야 한다.

슬로푸드 운동을 통해 농업의 다원적 기능을 국민에게 재인식시킬 수 있도록 해야 한다. 기본 이념과 같이 환경보전, 식량안보, 전통문화의 보존 등 농업이 가지는 다원적 기능을 중시하는 NGO 등 국내외 단체들과 연대할 필요가 있다.

슬로푸드 운동을 통해 소농 및 가족농의 보호 · 육성을 주장할 필요가 있다. 대량생산 · 획일생산을 지향하는 대규모 기업농이나 다국적 플랜테이션의 폐해를 특히 강조하고, 환경친화적이고 얼굴 있는 안전농산물을 생산 · 공급하는 소농 또는 가족농의 역할을 매우 중시해야 한다.

슬로푸드 운동과 학교급식의 연계로 우수한 지역농산물을 급식재료로 공급함으로써 학교급식을 통해 청소년의 건강증진과 전통식문화의 계승 · 발전이라는 목적을 달성할 수 있도록 지역농산물의 안전 농산물을 공급할 필요가 있다. 일본에서는 청소년의 올바른 식습관과 전통식문화의 유지 · 계승을 학교급식의 목표로 삼고, 이를 위해 우수한 지역농산물을 급식재료로 공급하도록 규정하고 있기도 하다.

슬로푸드 운동을 통해 지역사회와 소비자와의 상생을 도모할 필요가 있다. 주5일 근무에 대응하여 향토의 문화자원과 특산품을 동시에 판매하는 그린투어리즘을 본격화하여 관광프로그램을 개발하는 방안도 적극 검토해 보아야 한다. 슬로푸드 운동과 뜻을 같이 하는 생산자 · 소비자를 연계하여 유기 농산물의 계약재배를 추진하고 우리농산물 애용 및 소비촉진운동으로 발전시킬 필요도 있다.[91)]

이와 같이 슬로푸드 운동은 인간과 자연환경을 피폐화시킬지도 모를 농업문명 및 인류문명을 바꿀 수 있는 새로운 인류문명 · 농업문명 창조운동이라는 측면에서 현재는 NGO에 의해서 주로 이루어지고 있으나 앞으로는 NGO와 정부부문 구분할 것 없이 강력하게 추진되어야 한다. 그래야만 인간과 자연환경이 지속가능하게 될 것이기 때문이다.

91) 이삼섭, 2002, 〈슬로우푸드 운동과 시사점〉, 농협조사부

11
슬로시티
Slow City : Cittaslow

1. 슬로시티 운동의 의의

슬로시티 운동은 21세기 새로운 농업문명의 전환운동 중 하나로서 그 중요성과 가치는 매우 크다. 1999년 10월, 이탈리아 작은 마을 4곳오르비에토·브라·그레베·포시타노의 시장들이 오르비에토에 모여 '슬로시티' 운동을 출범시켰다. 소박하게 시작한 '느리게 살기' 운동은 '획일적인 도시의 평범한 모습을 따라가지 않겠다'는 데서 출발한다. 이 작은 마을들은 중세 말기 혹은 르네상스풍 도시를 지향한다. 이들이 꿈는 이상향은 마을 대소사의 중심이 마을 광장피아차이었던 공동체다. 도시의 경제적 측면에만 치우칠 것이 아니라 사회적, 문화적 기능을 살려내려는 운동이다.

슬로시티 운동은 민간인이 주도하는 범지구적 운동으로 공해없는 자연환경 속에서 지역의 먹을거리와 고유의 문화를 느끼며 인간다운 삶을 되찾자는 느림의 미학을 추구하는 운동이다. 슬로시티 운동은 현대 문명을 거부하고 과거로 회귀하자는 이념이 아니라 보다 인간적인 삶을 추구하자는 운동이다.

치따슬로cittaslow=Citta lenta, 즉 슬로시티라는 느린도시의 철학은 향토인으

로 하여금 자연 속에서 살면서 마을의 고유 먹을거리와 지역의 고유문화를 느끼며 삶의 질을 향유하는 동시에 도시인관광객에게 마음의 고향을 제공하며 느리고 조용히 사는 공동체 운동이다. 슬로시티의 출발은 느리게 먹기slow food + 느리게 살기운동slow movement으로 시작되었고 로고 마크의 상징은 마을을 등에 지고 가는 느림의 대명사인 작은 달팽이이다.[92]

2. 슬로시티 운동의 목적과 사명[93]

현재 21세기는 시장과 효율로 상징되는 신자유주의 자본주의체제로서 보다 높게, 보다 빨리, 보다 크게, 보다 강하게 살아가야만 경쟁에서 이길 수 있도록 되어 있다. 치열한 경쟁에서 살아남는 것이 삶의 성공이요 경제 성장이

92) 슬로시티 한국본부, http://www.cittaslow.kr/
93) 전성군, '슬로시티 운동, 왜 필요한가', 국정브리핑, 국정넷포터, 2008.02

라고 여긴다. 그러나 이러한 소위 성공이 행복을 가져다주는가 하는 문제는 전혀 별개이다. 부의 증가는 역설적이게도 인간의 내면과 정신세계를 더욱 황폐하게 만들고 행복과는 점점 멀어지는 역설을 경험하게 된다.

이러한 사회 속에 사는 인류는 인간관계에서 심각한 갈등, 스트레스와 질병 등의 문제가 발생하게 되고 결국엔 공동체의 마지막 보루인 가정에까지 침투하고 있다. 다행스러운 일은 현대인들이 우리시대의 산업화와 무한경쟁에 기초를 둔 현대문명에 염증을 느끼기 시작했다는 사실이다.

슬로시티 운동의 목적은 인간사회의 진정한 발전과 오래갈 미래를 위하는 것으로 자연과 전통문화를 잘 보호하면서 자연+문화+인간 · 생물간의 조화와 포괄통섭을 존중하여 각 지역의 다양성과 차별성의 특색을 제대로 지키는 운동이다. 진짜 사람이 사는 따뜻한 사회, 행복한 세상을 만드는 것이다.

이 운동의 주요 지향점은 ① 철저한 자연생태보호 ② 전통문화에 대한 자부심 ③ 천천히 만들어진 슬로푸드 농법 ④ 지역 특산품 공예품 지킴이 ⑤ 지역민이 중심이 되는 세계화 추구이다. 이것을 구현하기 위한 5가지 지침은 ① 철저한 자연 생태의 보호 ② 전통문화의 자부심 ③ 슬로푸드 ④ 특산품, 공예품 지킴이 ⑤ 지역민의 자발적인 참여와 태도정직한 진정성 유지이다.

이와 같이 슬로시티 운동의 사명은 지역 공동체 정신을 이어가는 것이다. 도시물질문명의 급속한 발전은 인간들에게 많은 편리함을 제공함에도 불구하고 지속가능한 것은 아니라는 문제인식이다. 도시물질문명은 결국 고투입, 고에너지 사용에 의한 자연환경의 훼손과 공해를 발생시키고, 주거문제, 교통문제 등을 수반하기 때문이다. 무엇보다 도시문명의 발달은 개인주의의 만연에 의한 공동체 의식의 훼손과 인간성 상실이 우려되기 때문이다.

그 밖에도 슬로시티 운동은 먹을거리의 생물종다양성을 보호하고, 미각

교육을 확대하며, 우수한 먹을거리를 생산하는 생산자와 소비자를 연대하는 역할도 한다. 슬로시티의 목적은 삶의 질을 일구어내기 위해 새로운 농업을 촉진하고 윤리적 소비자를 지원하고 보호하고 있다. 슬로시티의 목표는 지역 사회의 본연의 모습인 고유문화를 희생하지 않으면서 세계화의 가장 좋은 측면들을 활용하여 현재의 당면한 문제들을 해결하면서 공동체의 정신과 정체성을 유지 · 발전시켜 나가는 것이다.[94]

3. 슬로시티 사례

슬로시티로 지정받기 위해서는 슬로시티 국제연맹본부의 현지답사를 거쳐 일정 기준을 통과해야 슬로시티 인증을 받을 수 있다. 모두 24개 항목을 심사하는데 특히 5개 핵심 항목이 집중적으로 검토된다. 인구가 5만 명 이하의 지역이어야 하고, 자연생태계가 철저히 보호돼야 하며, 지역 주민이 전통문화에 대한 자부심을 갖고 있어야 하고, 유기농법에 의한 지역 특산물도 있어야 하며, 대형마트나 패스트푸드점도 없어야 한다. 슬로시티로 선정되면 4년마다 재심사를 받아야 한다.

그 밖에도 고유의 전통문화와 토착음식이 있어야 하며 유기농과 특산품 및 공예품을 자체 생산하고 자연환경이 잘 보존되어 있음을 전제로 한다. 일단 가입이 되면 세계 100여 개 도시와 글로벌 네트워크가 형성되면서 지역 자원의 브랜드화가 가능하고, 이를 관광 상품과 연계할 경우 주민소득 향상에도 큰 도움이 된다.

슬로시티는 이탈리아 55곳, 영국 · 스페인 8곳, 독일 5곳, 폴란드 · 포르투

94) 슬로시티 한국본부, www.cittaslow.kr

갈 4곳, 노르웨이 · 벨기에 3곳, 오스트레일리아 2곳, 뉴질랜드 1곳 등 1999년 이래 2009년 3월 현재 16개 국가 116개 회원 타운으로 확대되었다. 관광대국인 일본은 2010년 현재 한군데도 지정되지 못했다. 일본은 한 번에 20개 도시씩 두 차례나 슬로시티를 신청했지만 모두 탈락했다. 일본의 농촌이 지나치게 현대화 · 서구화되어 있기 때문이다. 지역마다 독특한 개성이 있어야 하는데 일본의 농촌은 이미 획일화되어 있다는 것이다. 2010년 현재 중국은 60개 도시를 '만성晩城'으로 지정해 슬로시티 가입을 준비하고 있다.

슬로시티 국제연맹은 2007년 12월 1일 이탈리아 그레베인 키안티에서 열린 총회에서 아시아에서 유일하게 한국의 전남 신안 증도면, 전남 담양 창평면, 전남 장흥 유치면, 전남 완도 청산면이 슬로시티로 지정됐고, 2009년 1월 경남 하동군 악양면이 슬로시티 대열에 합류했다.[95)]

전남 신안군 증도면

전라남도 신안군 증도면에는 한국 최대 갯벌염전이 펼쳐져 있다. 오랜 역사를 자랑하는 갯벌염전은 저 멀리 수평선까지 자로 잰 듯 펼쳐져 있어 전세계 자연유산으로 지정될만한 곳이다. 한때 화학소금에 밀려 천일염, 갯벌소금의 생명가치를 인식하지 못하고 우리의 자연유산인 염전과 연부를 천대하기도 했다.

95) 슬로시티 한국본부, http://www.cittaslow.kr/

국내 최대 규모인 태평염전

소금박물관

2007년 11월 22일 등록문화재 제361호로 지정되었으며, 천일염의 우수성을 알리고 염전체험을 통해 소금에 대한 올바른 이해를 돕는다. 소금박물관 내부로 소금의 역사와 문화가 설명되어 있다.

염전을 갈아엎고 골프장이 들어서야 한다고 주장한 고위공직자들도 있었다고 한다. 그러나 갯벌염전의 세계적 가치에 세계슬로시티 연맹 본부의 관계자들은 주목했다. 갯벌염전은 세계 인류의 생명을 위해 반드시 지켜져야 한다고 그들은 그 가치를 높게 인정하였다. 이것이 신안군 증도면이 세계슬로시티로 지정받게 된 가장 중요한 요인이다.

이뿐 아니라 증도면에는 국내 유일의 소금박물관이 있다. 소금의 역사와 효용성과 가치를 살펴볼 수 있다. 그 옛날 소금창고로 쓰이던 버려진 창고를 개조해 소금박물관으로 만든 것 역시 슬로시티 정신에 부합된다.

지금 이 건물은 소유주의 노력으로 근대문화유산으로 지정받았다. 사실 건물소유주의 입장에서는 문화재로 지정되면 재산권 행사가 제한되기 때문에 경제적 가치를 상실한 셈이 된다. 그러나 인류의 공동재산인 갯벌염전을 지켜내고 더 많은 이들에게 천일염의 가치를 알리기 위한 선택이었다.

전세계적으로 사라져가는 갯벌과 염전 그리고 습지가 공존하는 증도면은 자연의 생명을 담은 슬로시티라고 할 수 있다. 세계슬로시티 연맹 본부는 신안의 염전은 신이 내린 축복의 땅이고 인간과 신, 자연이 함께 살아가는 슬로시티이며 세계적 슬로시티라고 평했다.

전남 장흥군 유치면

장흥군 유치면, 장평면 일대에는 진정한 유기농업과 순환농업을 하고 있는 농가들이 모여 살고 있는 소박한 곳이다. 인분냄새도 나고 여기저기 볏짚도 흩어져 있는 한국의 전통적인 농촌 풍경이 그대로 남아있다.

장흥은 진정한 슬로푸드인 우리나라 최대의 표고버섯의 재배지로도 유명하고, 장평면 우산마을의 지렁이 생태학습장에서는 지렁이 배설물과 소의 배설물을 섞어 분변토로 만들어 친환경유기퇴비로 탈바꿈해 사용하는 친환경 농법을 시행하고 있어 슬로시티에 가장 적합한 곳이다.

장흥은 건강하고 진실한 먹을거리가 생산되는 진정한 유기농업의 마을이다. 향후 한국의 건강한 식자재가 생산되는 슬로푸드의 거점지역이 되기에 충분한 마을이기에 진정한 슬로시티라고 할 수 있다.

슬로시티는 아름다운 한옥마을, 아름답고 정리된 마을 풍경, 그리고 돌담길이 있는 영화세트장 같은 농촌을 의미하지 않는다. 농촌은 자연과 인간이 건강하게 자라나야 하는 흙이 있고 냄새나는 가축과 인분이 있는 삶 그대로의 현장이다. 그곳에서만 생명이 움틀 수 있기 때문이다. 벌레 먹고 흙 묻고 그리고 울퉁불퉁하게 못생긴 야채나 채소를 보듯 그러한 안목으로 슬로시티 장흥을 볼 필요가 있다.

전남 담양군 창평면

전남 담양군 창평면 전통한옥마을의 돌담길

슬로시티의 중요한 요건은 그 지역의 전통과 생태가 보전되어 있는 곳, 전통 먹을거리가 있는 곳, 지역 주민에 의한 다양한 지역 커뮤니티 운동이 전개되고 있는 곳 등이다. 담양군 창평면 일대는 이 세 가지 조건을 충족시키고 있다.

담양은 아직도 옛 고택이 많이 남아 있으며 인근에 문화재가 많이 있고 도심 인근의 농촌으로 전통문화가 많이 남아 있어 현대와 전통이 조화를 이루고 있는 대표적 고장이다. 특히 창평면 삼지천 마을의 고택, 한옥마을에 펼쳐진 돌담길에서의 여유로운 산책은 슬로라이프 체험의 장이기도 하다.

또한 담양 일대에는 다양한 전통 먹을거리가 풍부하게 널려있다. 창평국밥, 국수, 떡갈비, 한과 등등 수도 없이 많은 예로부터의 전통 먹을거리는 사람들을 보다 여유롭게 해주고 이들 먹을거리를 중심으로 한 지역의 상권이 매우 활발해 슬로시티가 지향하고 있는 이념을 충분하게 충족시키고 있다.

담양군 창평면 삼지천 마을은 예로부터 물이 마을을 가로 질러 세 가닥으로 흐른다하여 지어진 이름이다. 삼지천 마을은 수백 년 된 돌담길이 인상적인 마을이다. 군데군데 허물어진 돌담, 낡을 대로 낡은 전통 한옥들, 결코 화려하지 않지만 문명의 때가 묻지 않은 채 옛 모습을 가장 소박하고 자연스럽게 보존하고 있는 곳이다. 모나지 않은 둥근 돌과 흙을 사용해 쌓아올린 돌담을 따라 굽이굽이 이어진 마을길, 나지막한 돌담 너머에 오염되지 않은 전통음식을 먹고 마시며, 느린 삶을 실천하는 사람들이 살고 있다.

전남 완도군 청산면

완도군 청산면은 울긋불긋한 가옥들과 돌담길, 좁은 길목과 푸른 바다, 평생을 섬에서만 살아오신 촌로들의 소박한 웃음과 수줍은 사투리, 섬 전체가 하나의 전래동화책 같은 마을이 바로 청산면이다.

마을 어귀에는 옛날식 다방도 있고 고인돌이 그대로 남아 있다. 푸른 바다와 산촌이 너무나 자연스럽게 어울리는 비경을 자랑하고 있다. 낮은 돌담과 그 옛날 어촌마을에서만 볼 수 있었던 장례풍속인 풍장[96]을 그대로 지키면서 청정한 바다에서 슬로푸드 전복, 해삼 농사를 짓고 살아가는 슬로시티다.

---

96) 풍장〔風葬〕은 사체(死體)를 매장하지 않고 옷을 입힌 채 또는 관에 넣어 공기 중에 놓아두는 장례법. 폭장(曝葬)·공장(空葬)이라고도 한다. 나뭇가지나 풀을 덮어 숲 속에 방치하거나, 관에 넣어 관을 풀이나 널빤지로 장집〔葬屋〕을 만들어 덮는 경우가 있다. 사체를 놓는 방식에 따라서 수장(樹葬)·대장(臺葬)·애장(崖葬)·동혈장(洞穴葬) 등으로 나뉜다. 풍장의 풍습은 북아시아의 고(古)아시아족, 고지(高地) 아시아의 여러 종족, 인도차이나·인도네시아·멜라네시아·오스트레일리아의 섬 주민과 아메리카 인디언들에게서 볼 수 있다(네이버 백과사전).

경남 하동 악양면

경남 하동 악양면의 야생차밭

경상남도 하동 악양에는 차와 문학과 사람이 어울려 살아가는 슬로시티다. 하동 사람들은 천년을 지켜온 차나무와 이 차나무에 해마다 헌다례를 지낸다. 산기슭의 야생차밭은 1,300년 넘게 하동을 지키고 있다. 야생차밭의 차는 옛날 임금님도 탐냈다고 한다. 하동의 녹차는 자연이 주는 햇빛과 신선한 공기로 녹차가 산기슭에서 자연상태로 자라고 햇살과 바람이 대봉감으로 만든 곶감을 숙성시키는 곳이다. 수천년을 두고 흐르는 섬진강은 마을을 더욱 여유롭게 해주는 슬로시티다.

하동에는 아직도 평사리 박경리 선생의 대하소설 토지에 등장하는 최참판 댁의 서희가 악양의 넓은 논두렁을 내려다보고 있는 것 같은 소설 속의 모습이 그대로 남아있다. 하동군 악양에는 비닐하우스가 없는 유일한 마을중 하나다. 하동은 차 재배지로는 세계에서 처음으로 슬로시티로 지정되었고 하동의 녹차는 2009년부터 세계슬로시티 연맹 총회의 공식지정 특산품이 되었다. 하동의 야생녹차, 왕의 녹차가 이제 세계인의 차가 되어 한국 차의 세계화의 계기가 되었다.

이탈리아 오르비에토

이탈리아 중부 오르비에토는 900년 된 성벽에 둘러싸인 고풍스러운 도시로서 최초로 슬로시티로 지정된 곳이기도 하다. 오르비에토의 인구는 2만여 명이며 마을 동쪽 끝에서 서쪽 끝까지 2km가 안 된다. 그러나 도시의 물질문명과 함께 성장하면서 무섭게 늘어나는 자동차는 행인들에게 절대 위협이었고 마을의 생명인 광장은 주차장으로 용도가 변경되기도 했다. 그래서 '슬로시티' 오르비에토에서는 번화가에서의 차량통행을 금지했고, 대신 마을 밖에 주차장을 짓고 방문객이 차를 두고 들어오게 했다.

오르비에토는 이탈리아에서도 '보석'으로 손꼽히는 곳이라 관광객은 연간 200만 명에 달한다. 관광객 유치 · 첨단화 · 일상의 편리함을 추구하기보다는 '인간답게 사는 마을이 되겠다'며 1999년, 이탈리아의 다른 몇몇 마을과 함께 '슬로시티'를 선언했다. 마을 전체가 느리게 가는 '슬로시티'란 아이디어를 낸 인물은 15년째 오르비에토 시장을 맡고 있는 스테파노 치미키 씨다.

현대 도시가 어느 날 갑자기 느림의 도시로 선회하기가 쉬운 일은 아니었다. 슬로시티이기 때문에 오히려 부지런히 기술개발에 나서 쾌적한 마을 환경을 유지해야 했다. 고층 건물이 없는 오르비에토에서 사람들은 마을 한가운데 시계탑을 보고 위치를 알게 되고, 종소리로 시간을 확인한다. 마을 한쪽에는 주민들이 흙을 만질 수 있도록 '오르티 소샬리'공공 텃밭가 조성돼 있고 1년에 두 차례, 교사 · 영양전문가 · 학부모 대표들이 만나 학교급식 메뉴를 짠다. 오후 1시가 되면 상인들이 "4시에 다시 오라"며 상점 셔터를 내려버린다. 젊어서는 사랑을 하고 늙어서는 가족들과 함께 평화롭게 사는 것이 이곳 주민들의 꿈이라고 한다.

오르비에토 대성당 전경.
수백년 된 고색창연함과 여유로운 삶의 리듬을 지키기 위해 '슬로시티'를 선언했다.

독일 헤스부르크

헤스부르크 전경. 숲 속에 자리 잡은 작은 마을이다.

독일에서 슬로시티로 선정된 곳은 열 군데인데, 그중 인구가 1만 2천명인 헤스부르크Hersbruck는 독일에서 처음 슬로시티가 된 도시다. 독일 남부 뉘른베르크에서 30분 거리인 헤스부르크는 슬로시티의 교과서로 불린다. 슬로시티연맹 헌장에 있는 기본 철학이 바로 이 도시의 기반이자 철학이 되고 있기 때문이다.[97)]

2001년 슬로시티로 선정된 헤스부르크는 친환경적이고 역사적인 마을이다. 2006년부터 천연가스로 운행하는 CNG 버스를 운행하고, 이를 통해 연료비 절감은 물론, 이산화탄소 배출을 25% 감소시키며 매연은 80%나 감소시켰고 소음 감소 효과도 크다고 한다. 이곳은 또한 1998년부터 친자전거 타운으로 지정되어 있다. 전국적인 자전거 네트워크와 연계해 자전거 여행객을 위한 각종 편의 프로그램을 갖췄다. 자전거 여행코스를 개발하고 자전거족을 위한 호텔과 민박Bed and Bike도 개설해 유럽의 자전거족을 맞이한다. 이곳의 스파는 생물자원 공급센터에서 만들어진 생태학적 열을 이용해 친환경 생태도시임을 자부한다.

독일에서도 휴양지로 유명한 헤스부르크는 '건강 타운'을 표방한다. 알레르기와 아토피가 있는 사람을 위한 호텔이 특히 유명한데, 환자들을 위해 친환경적으로 꾸민 객실에 친환경 식단을 갖추고 깔끔한 매니지먼트로 정평이 나 있다. 이곳은 노인을 위한 친실버 프로젝트도 유명하다. 이 타운에 있는

97) 손대현 한국슬로시티본부 위원장(한양대 관광학부 교수)

스파는 '친실버서비스기업'Seniorfriendly service company 상을 받기도 했다.

어린이들에게 이 지역에서 나는 농산물로 요리하는 것을 가르치는 '미니쿡 프로젝트'도 독특하다. 아홉 살에서 열한 살까지 아이들에게 요리를 가르치면서 환경과 고향에 대한 사랑, 건강과 영양에 대한 생각을 심어준다. 20명의 아이들은 한 달에 한 번 2년간 레스토랑을 찾아와 요리법과 서비스를 배운다.

독일의 맥주 역사는 1200년대 시작됐는데, 헤스부르크의 양조장에서 전통방식 그대로 빚은 헤스부르크 맥주 역시 유명하다. 또한 소시지, 마늘빵, 양파파이, 이곳에서 난 사과로 만든 애플주스, 100% 방목한 돼지의 어깨 부위로 만든 식품 등이 이곳의 특산품으로 유명하다. 이런 지역 음식을 마케팅하기 위해 왕관 표시를 해두는데, 이곳을 찾는 사람들에게 인기가 높다.

(좌) 농부들이 만든 음식과 맥주, 소시지가 이 지방을 대표하는 음식이다.

(우) 매년 1주일씩 열리는 국제기타축제

1년 내내 축제가 열리는데 매년 1월이면 '독일 목동박물관' 축제가 열려 오랫동안 목동생활을 해온 장인들을 직접 만날 수 있는 기회가 된다. 또 양sheep축제에서는 희귀종 양을 보면서 양털깎기하는 장면을 지켜보고, 양털 제품을 살 수도 있다. 7월 말에서 8월 초 열리는 알트슈타트페스트Altstadtfest 축제의 하이라이트는 음악 연주와 당나귀 경주다. 이어 세계적으로 유명한 '국제기타축제'가 1주일간 10회의 콘서트로 진행된다. 주민들로 결성된 합창

단, 오케스트라, 밴드의 활동도 왕성하다.

'사과의날'Apple Day 축제에서는 옛모습 그대로 보존되어 있는 초원 과수원 meadow orachard에서 자란 200종의 사과가 출품되기도 한다. 이곳은 2004년부터 '꽃장식 대회'를 개최하는데, 이후 주민들이 더욱더 자신의 집과 주변을 가꾸는 데 열심이 된 계기가 됐다고 한다.

그리스의 리바디

그리스의 리바디 마을은 신들의 땅 그리스의 수도 아테네에서 북쪽으로 400km 떨어진 곳에 서양문명의 발상지 올림포스 산이 자리잡고 있는 곳이다. 올림포스 산으로 올라가는 길목에 위치한 인구 3천명의 한적한 시골마을이다. 그리스에서는 꽤 이름난 장수마을이기도 하다. 리바디 마을 주민들은 대부분 양치기와 옥수수 농사로 생계를 꾸려나가고 있다. 해발 1,200m의 고지에 자리잡은 이 마을의 목장은 도심의 찌든 공해와는 동떨어진 청정지역이다. 산등성이 초원에서 양떼들이 한가롭게 풀을 뜯고, 그 흔한 울타리 하나 찾아볼 수 없지만 양들은 목장을 떠날 생각을 하지 않는다. 자연의 야생녹초를 먹으며 마음껏 뛰어노는 농장의 가축들은 매일 아침 오염되지 않은 신선한 우유를 사람들에게 제공한다.

정오가 지나면서 리바디 마을에 인적이 뜸해지기 시작한다. 시에스타낮잠가 시작된 것이다. 음식점, 카페, 관공서 할 것 없이 모두 일손을 놓고 낮잠과 휴식을 즐기는 시간이다. 그리스의 시골이라면 어디서나 볼 수 있는 장면이다. 시에스타 동안에는 다른 집을 방문하는 것은 말할 것도 없고 전화를 거는 것도 큰 결례로 간주된다. 수천 년 넘게 이어져온 시에스타의 전통은 그리스 정부가 법으로도 막지 못한 이들만의 스트레스 치유법이다.

문명을 거부하는 그리스정교의 성지 메테오라

메테오라는 그리스어로 공중에 떠있다는 뜻으로, 400m 높이의 바위산 꼭대기에 자리 잡은 수도원이 있다. 11세기 중세의 수도사들이 명상과 수도에 매진하기 위해 낭떠러지 위에 은둔처를 마련한 데서 처음 시작됐다고 한다. 천년의 세월이 지나는 동안에도 메테오라의 수도사들은 아직도 중세의 생활 방식을 고집하며 살고 있다. 지구상에서 시간이 가장 느리게 가는 곳이기도 하다. 시간과 문명에 지배되기보다는 자연에 순응하며 명상과 참선으로 천년을 살아온 곳이다.

5. 슬로시티 운동의 문명사적 의의[98]

슬로시티 운동은 도시화와 자연환경의 남용으로 피폐해져 가는 21세기 인류문명에 대한 경종의 의미가 있다. 슬로시티는 단순히 현대문명을 받아들이지 않았다는 데 의미가 있는 것이 아니라 현대 인류문명 · 농업문명의 폐해를 들어내지 않기 때문에 중요한 의미가 있다. 따라서 현대의 모든 도시가 슬로시티처럼 되어야 함을 의미하는 것은 물론 아니다. 슬로시티 그 자체의 오염되지 않은 문명을 어떻게 하면 인류의 새로운 문명으로 전환시킬 것인가에 대한 단초를 제공한다는 데 문명사적 의의가 있다.

미래의 농업문명이 추구해야 할 친환경 생태순환의 자연법칙과 현대 문명에 오염되지 않은 농촌 공동체의 유지를 위해 슬로시티 운동은 그 가능성을 보여준다는 측면에서 중요한 문명사적 의의가 크다.

---

98) 슬로시티 한국본부, www.cittaslow.kr

절벽 위의 메테오라 발람수도원

그러므로 슬로시티 운동이 지향해야 할 운동 방향으로서는 먼저 환경적 측면을 고려할 수 있는 바 에너지 절약 및 대체에너지 사용에 관한 계획, 유전자변형농산물 사용금지, 빛 오염 관리시스템 및 프로그램, 환경운영시스템 ISO9000, 14000, 22000 등 도입 등이 필요하다.

슬로시티에는 자가용 사용을 최대한 억제할 수 있는 보행 및 자전거도로, 대중교통의 통합운영, 공공장소에서의 노약자를 위한 편의시설휠체어 접근성 등, 물리치료, 소리도서음성도서, 지역의 노약자들을 위한 다양한 복지프로그램, 공공 구조물의 재정비 및 관리, 민원실과 등과 같은 기초 인프라를 구축해야 한다.

슬로시티 도시경관 및 미관 정책으로는 친환경 건축을 위한 홍보 및 교육 프로그램, 친환경적 쓰레기 처리 및 소음지역의 방음조치, 슬로시티 토산품의 가치화 정책, 유기농 농산물 개발계획, 장인의 수공예품과 예술적 가치가 있는 제품의 품질보증 정책, 소멸위기에 있는 지역생산물, 특산물, 장인의 수예품 보호 프로그램, 소멸위기에 있는 전통적 작업방식 및 직업의 상품 가치화 정책, 단체음식점, 학교급식 등에서의 유기농 및 지역특산품 사용을 위한 정책, 슬로푸드Slow Food연맹과의 공조를 통한 의무 교육기관과 기타 교육기관에서의 맛과 음식 교육 프로그램, 지역 특산물 판매를 위한 정책적 배려, 지역 문화행사의 가치향상과 보전을 위한 활동 등이 필요하다.

12

로컬푸드와 학교급식

1. 로컬푸드 운동의 정의 및 의의

21세기 농업문명 전환을 위한 또 하나의 중요한 운동이 로컬푸드와 학교급식 운동이다. 로컬푸드local food란 "생산자와 소비자에게 적정한 가격을 보장하면서 최대한 지속가능한 농업생산방법을 사용하여 일정 지역에서 생산 · 가공되어야 하고 직거래나 공급체인의 단축을 통해서 지역주민에게 유통되는 식품"이라고 일반적으로 정의하고 있다. 생산자와 소비자 사이의 이동거리를 가능한 한 줄임으로써 영양 및 신선도를 극대화 하고자 하는 취지를 갖고 출발한 운동이 로컬푸드 운동이다. 한마디로 로컬푸드는 장거리 운송을 거치지 않은 지역농산물을 말하며 흔히 반경 50km 이내에서 생산된 것을 가리킨다.

이와 같은 로컬푸드 운동의 배경에는 농업이 세계화, 규모화되면서 대부분의 먹을거리가 글로벌푸드[99]화 되면서 발생하는 문제에 대한 반작용이다. 수출 · 수입시 장기간 저장할 수 있도록 다량의 방부제를 첨가하며, 농장에서

99) 글로벌푸드란 세계시장에서 거래되는 농식품을 총칭하는 의미로 사용됨.

식탁에 이르는 가공, 저장, 유통, 수출입 과정에서 온갖 종류의 감염 위험에 노출되는 등 다양한 문제를 발생시키고 있다는 문제의식이다. 사실 글로벌푸드는 누가 언제 어떻게 생산했는지를 모르는 정체불명의 먹을거리가 많다. 세계시장을 겨냥해 제철과 상관없이 대규모 영농으로 생산되며 수송거리가 멀어 가공과 포장을 많이 하고 맛도 표준화되어 있다. 글로벌푸드의 확산은 패스트푸드, 인스턴트식품, 냉동식품 등이 우리 식탁을 점령하여 소비자들의 건강을 알게 모르게 해치고 있다. 더욱이 수천 년 동안 계승되어 온 지역 고유의 전통음식과 식문화의 소멸을 재촉하고 있다.

로컬푸드 운동을 통해 지역 농민은 안정적으로 판로를 확보해 질적으로 수준 높은 농산물을 지속적으로 생산할 수 있고, 인근 대도시 소비자들은 안전하고 신선한 먹을거리를 값싸게 구입할 수 있을 것이라는 희망에서 출발하였다. 생산자 단체가 직접 인근 대도시에 가서 농산물을 파는 장터, 대규모 사업장 급식 재료 직거래, 초 · 중 · 고 학교급식 재료 직거래 운동으로 확대 전개되고 있다.

미국에서는 지역의 가족농을 지원하면서 농촌환경 보존을 통해 지역사회를 보존하는 운동으로 추진되고 있다. 일본에서도 소비자와 생산자가 서로 얼굴이 보이는 밀접한 관계가 되도록 한다는 지산지소 운동을 대대적으로 추진하고 있다.

로컬푸드 운동은 결국 지역산 농산물을 지역에서 소비함으로써 농민과 소비자, 농촌과 도시, 농업과 환경의 관계를 서로 이해하게 하고 밀접하게 하는 원동력이 된다. 또한 농업인 직매장이나 지역 상점에서 농산물을 구매함으로써 일자리 창출 등 부수적인 효과도 거두게 되어 지역을 선순환 구조로 만드는 역할도 하게 된다. 그리고 자유무역으로 대표되는 지구촌 식량체계가 발생시키는 많은 문제점도 해소해 줄 것으로 기대된다.

글로벌푸드에 대비되는 로컬푸드가 참 먹을거리로 각광을 받고 있는 것은 무엇보다 지역 소비자를 위한 제철 생산이 가능하기 때문이며 수송거리가 짧아 포장과 가공도 간소하게 할 수 있어 농산물의 신선도를 유지할 수 있고 주민들 스스로 신뢰를 회복하는 방안이기 때문이다. 뿐만 아니라 가족농이 그들의 농산물을 지역에서 판매하도록 하는 여건을 만드는데 기여하며, 중간 상인을 거치는 횟수가 줄어들어 농민의 푸드달러 몫이 커지게 되어 지속가능한 지역 농업의 발전을 고취한다. 그리고 소비자의 기호에 대한 파악이 쉬워 과잉생산, 보관비용, 판매부진 등을 피할 수 있어 안정적이며 효율적인 영농을 할 수 있다. 또한 다른 생산자와의 지나친 경쟁에서 탈피함으로써 농약, 비료 사용을 줄이게 되어 친환경적인 영농을 할 수 있으며, 푸드마일[100]의 단축으로 환경보존에도 기여한다.

더욱더 중요한 것은 세계화, 개방화 시대에 가격경쟁력과 품질경쟁력만으로 농업과 농촌을 지키는 데 한계가 있다는 것이며, 이에 따라 도시와 농촌, 생산자와 소비자 간의 교류를 통해 수요자에게 안심감을 심어줄 수 있는 교류경쟁력이 새로운 대안으로 떠오르고 있는 시점에서 우리에게 시사하는 바가 크다.[101] 21세기 새로운 농업문명 전환의 한 지향점을 제시하기 때문이다.

2. 로컬푸드 체계(Local Food System : 지역식량체계)의 등장 요인[102]

로컬푸드 체계는 로컬푸드들 제공하고 소비하는 체계로서 다음과 같은 영향과 역할을 해야 한다. 그 첫 번째는 생산자와 지역공동체에 경제적 이득

---

100) 푸드마일[food miles]은 농산물 등 식료품이 생산자 손을 떠나 소비자 식탁에 오르기까지의 이동거리를 뜻한다. 푸드마일이 길면 길어질수록 그 식품의 안전성은 떨어지게 된다.
101) 브라이언핼웨일, 로컬푸드, 시울출판사, 2006. 10
102) 김종덕, 먹을거리 위기와 로컬푸드, 이후출판사, 2009. 05

을 제공하며, 둘째로 건강하고 신선한 식품에 모든 사람이 접근할 수 있도록 함으로써 식품안전과 건강을 제공하고, 셋째로 다양한 식품에 대한 수요를 충족하기 위해 다양한 농업시스템을 활용하여 환경적 이득을 제공함과 아울러 넷째로 가능한 한 유통 거리를 단축함으로써 환경 및 건강상의 이득을 제공하는 것이다. 마지막으로 다섯째는 생산자, 소비자 그리고 자연자원 간의 긴밀한 접촉을 통해서 지역에 사회적 이득을 제공하는 것 등이다.

미국의 예를 통해 로컬푸드 체계가 등장한 요인을 살펴보면 첫째, 우선 소비자들의 건강에 대한 관심이 커졌고, 그것이 중요하게 작용했다. 고투입 고에너지를 사용하는 산업형 농업에 의한 식량 생산, 장거리 유통, 생산자와 소비자 연결의 단절, 유전자 조작 농산물 등이 모두 먹을거리 안전에 부정적으로 작용했다. 또한 세계식량 체계하에서 패스트푸드, 인스턴트식품의 확산은 특히 어린이들에게 영양불균형을 가져왔다. 이처럼 세계식량 체계에 의해 공급되는 식품이 문제가 됨에 따라 건강에 대한 소비자들의 관심 또한 높아졌다. 더불어 소비자의 음식 선호에도 변화가 일어나기 시작했다. 1970년대 경제 붐이 일고 소득수준이 향상되면서 건강에 대한 관심 증대로 신선한 채소와 과일을 선호하는 사람들이 늘어났다. 신선한 과일과 채소에 대한 소비자들의 선호는 지역농산물에 대한 수요를 증대시켰다.

둘째, 세계 식량 체계의 확산에 의한 가족농 위기와 이러한 위기에서 벗어나려는 농민들의 생존 노력이 로컬푸드 체계의 등장에 기여했다. 초창기부터 미국은 인구는 적은데 경지 면적은 넓어 산업형 농업을 추구했다. 산업형 농업은 작은 노동력으로 규모가 큰 경작지에 영농을 가능하게 했다. 미국의 가족농들은 출발부터 다른 나라 가족농보다 경지 규모가 컸지만, 규모의 경제, 그리고 정부 지원에서 유리한 대농과 경쟁을 하면서 규모를 늘리기 위해 은행 등에 부채를 많이 지게 되었고, 과잉 생산과 농산물 가격 저하 등으로 경제적 어려움을 겪게 되었다. 그러면서 많은 농가들이 도산하게 되었고, 가족농이 크게 줄었다. 미국에서는 1950년부터 해마다 약 50만 명 정도가 이농을 했다. 미국의 직업군 가운데 가장 크게 줄어든 직업이 영농이다. 이러한 상황에서 많은 지역 거주민들은 지역 공동체에 대한 소속감을 잃게 되었다. 어려움에 처한 중소 가족 농장들은 생존 전략으로 과일과 채소 같은 새로운 작물의 생산과 마케팅에 관심을 기울였다. 이들에게 농민시장Farmer's Market 같은 판매처는 중요한 기회를 제공했다.

셋째, 로컬푸드 체계의 등장에는 지역 기관들의 지원도 많았다. 특히 미국 토지 기부 대학land grant university들의 농촌에 대한 관심이 중요하게 작용했다. 미국의 농촌에 산업농이 확산되면서 가족농이 감소했고, 이는 농촌 공동화를 조장했다. 이러한 상황을 맞이하여 농업과 농촌에 그 기반과 존재 이유를 두고 있는 토지 기부 대학들은 다양한 프로그램을 통해 농촌 살리기에 관심을 기울였는데, 로컬푸드 체계에 대한 관심도 농촌 살리기의 하나였다.

많은 상공회의소와 도심지의 기관들이 농민 시장을 발전 도구로 여기고 도심지에 농민 시장 개설을 지원했다. 미국 도시에 교외 지역이 발전하면서 도심지의 경제는 침체되었고, 우범지역이 되었다. 이러한 상황에서 도심지에 농민 시장을 개설함으로써 도심이 더 안전해지고 활성화되었다. 한 연구에 의하면, 농민 시장은 사람들이 쇼핑 등의 일을 보게 함으로써 도심지로 사람들을 모이게 하는 역할을 하고 있다. 또한 농민 시장의 판매인과 소비자들이 도심지에 우호적인 태도를 갖게 한다.

넷째, 미국에서 로컬푸드 체계가 등장하고 발전하는 데는 연방 정부와 주 정부의 지원이 중요하게 작용했다. 미국에서 가족농들이 도산하자 이에 대한 대응으로 미국 의회에 소농위원회small farm commission가 설치되었다. 이 위원회의 보고서는 연방정부 농무부에게 로컬푸드 체계의 확대 방안을 권고했다.

그 방안에는 농민 시장, 공동체 텃밭, 공동체 지원 농업, 학교 점심 프로그램에 가족농이 생산한 농산물의 직거래 판매 등의 내용이 함께 들어있다.

다섯째, 기존 프로그램의 문제점이 대안 프로그램의 모색을 가져와 로컬푸드 체계가 등장하는 데 기여했다. 이 점은 미국의 학교급식 프로그램에서 볼 수 있다. 미국에서는 기존 학교급식 프로그램이 문제가 있다는 것이 드러나자 지역농산물을 이용하는 농장학교 연결 프로그램FTS이 등장했다. "하트포드 식량 체계Hartford Food System"의 리즈 휠러Liz Wheeler가 지적하듯이, 이전의 급식 프로그램에서 급식 담당자들은 되도록 적은 비용으로 필요한 영양분을 제공해야 했다. 때문에 학생들에게 건강에 이로운 식사를 제공하는 것이 쉽지 않았다.

3. 로컬푸드 체계의 가능성103)

세계적인 대형 슈퍼마켓에서 판매되는 농식품은 유리한 가격, 다양한 품목 등에 장점이 있다. 그러나 많은 사람들에게 불만과 실망을 남기기도 한다. 로컬푸드 체계는 사람들로 하여금 음식을 둘러싸고 얼굴을 맞대는 상호작용의 즐거움, 먹을거리를 아는 데에서 오는 안전성을 깨닫게 한다. 이런 점은 먹을거리 공급과정에서 의도적 또는 비의도적으로 들어가게 되는 위협, 즉 이콜리 박테리아, 유전자조작 식품, 잔류 농약, 생물테러 등에 대한 최선의 방어가 될 수 있다. 지역에서 재배된 먹을거리는 신선함을 제공하고 제철 먹을거리는 일정한 맛이 주는 장점을 누리게 한다.

지역경제에도 도움이 된다. 농민장터와 지역민 소유 상점에서 지역농산

---

103) 브라이언 핼웨일, 로컬푸드, 시울출판사, 2006.10

물을 구매하면, 지출된 돈이 지역사회에 잔류하여 일자리를 만들고 소득을 올리는 선순환을 만들어 낸다. 개도국의 경우 식량자급율이 높아져 외환을 절약할 수 있고 국제 곡물시장의 불안정에도 대응할 수 있다.

먹을거리가 재배된 흙으로부터 멀어질수록 쓰레기의 순환고리도 끊어진다. 장거리 먹을거리 체계의 특징은 한쪽 끝에서 막대한 양의 음식물 쓰레기를 만들어내고, 다른 한쪽 끝에서는 화학비료 사용을 선호함으로써 식물에 필요한 영양분을 공급하는 이상적인 원천과 유기물질을 없애버리기 때문이다. 또한 장기 운송 및 보관이 가능하도록 먹을거리 포장 역시 증가한다. 최근 많은 도시들에서 발생하는 쓰레기의 상당 부분이 음식물 쓰레기와 포장재이다.

로컬푸드 체계는 여러 면에서 농민들에게 긍정적이다. 농민들은 중간상인을 거치지 않음으로써 더 많은 이윤을 얻을 수 있다. 농민들이 소비자들의 사전 주문 등을 통해 미리 기호를 파악함으로써 과잉 생산, 저장 비율 증가, 판매 부진 등을 피할 수 있다. 판매처가 안정적으로 보장되기 때문에 농민들은 영농에만 전념할 수 있고, 다양한 작물을 선택하여 영농을 할 수 있다.

로컬푸드 체계는 농민들의 인간관계에도 긍정적으로 기여한다. 농민들은 소비자와 연결됨으로써 소비자와 그 가족과 친밀한 접촉을 할 수 있다. 자기가 생산한 농산물을 먹는 사람이 누구인지 알고 교류하는 즐거움을 누리게 되면서 자기 일에 더 큰 애정과 책임, 보람을 느끼게 된다.

로컬푸드 체계는 소비자들에게도 여러 가지 이점을 제공한다. 누가 생산하는지, 어떻게 생산하는지를 알게 됨으로써 소비자는 생산자와 소통할 수 있게 된다. 이러한 소통을 통해 생산에 참여할 수 있으며 생산에도 영향을 미칠 수 있다. 로컬푸드는 생산자가 소비자의 건강과 안전을 염두에 두고 생산한 먹을거리이며 수확 후 바로 공급하기 때문에 신선하고 영양가도 높다. 또 로컬푸드는 장거리 수송을 하지 않기 때문에 방부제 등이 살포되지 않고, 농민들이 지속 가능한 영농을 하기 때문에 농산물에 농약이 잔류할 가능성도 적다. 로컬푸드 체계에서 소비자들을 삶을 가능케 하는 토지, 농장 생활, 생산과정의 관계를 더 잘 알게 된다. 소비자들은 또한 자기들이 구입하는 농산물에 대한 지식을 얻을 수 있다.

로컬푸드 체계는 농업과 농장에도 긍정적 결과를 가져온다. 지역의 소비자들이 다양한 지역농산물을 원하고, 그것을 생산자가 알기 때문에 영농이 다양화되고 지속 가능하게 된다. 소규모의 다양한 농장이 장려되기 때문에 생산자끼리의 경쟁 또한 줄어든다. 비료와 농약, 에너지와 물 사용을 줄임으로써 토양을 보전하고 생물 다양성의 감소를 예방한다. 로컬푸드 체계는 유기농업 확산에 기여한다. 소비자들이 안전한 농산물, 친환경 영농을 통해 생산된 농산물을 원한다는 것을 생산자들이 알기 때문이다. 로컬푸드 체계는 지역 농업의 발전에도 기여한다. 로컬푸드가 지역농산물에 대한 안정적 시장을 구축하기 때문이다. 로컬푸드 체계는 수천 년간 내려온 지역 토종을 보존하고 지키는 데 기여한다.

4. 로컬푸드와 학교급식 연계의 해외사례

미국의 농장학교 Farm-to-School : FTS

미국의 농장학교 FTS 프로그램은 미국의 농장, 학교 연결 프로그램으로 학교가 급식에 지역농산물을 이용함으로써 농민들에게는 농산물을 판매할 수 있게 하고, 마케팅의 기회를 제공하며 학생들에게는 신선하고 영양가 있는 음식을 제공할 수 있다.

이 프로그램의 등장 배경으로는 첫째, 아동들의 영양위기를 들 수 있다. 6~11세 아이들의 비만비율은 1970년대 후반 6.5%이던 것이 계속 증가하여 2000년 15.3%로 증가했다. 12~19세의 비만은 1970년대 후반에 5%이던 것이 2000년에 15.5%로 늘어났다. 인종별로는 멕시칸, 아프리칸 미국인 아이들, 그리고 계층으로는 빈곤층 아이들의 비만율이 높았다. 이처럼 아이들 특히 빈곤층 아이들의 비만율이 더 심각해지자 학교급식의 개선 움직임이 일어났고 이러한 움직임이 FTS 프로그램의 등장에 영향을 미친 것으로 볼 수 있다.

둘째로는 미국 가족농들의 어려움을 들 수 있다. 미국 가족농들은 농기업의 통제하에 효율성을 강조하는 산업형 영농을 하게 되면서 위기에 직면하게 되었다. 가족농들은 농기업에 종자부터 투입재, 판매까지 의존하게 되면서 독립성을 잃게 되었다. 이러한 상황에서 농가들은 은행으로부터의 차입을 통해 농경지의 규모를 키우는 전략으로 대응했고, 과잉 생산과 농작물 가격의 하락은 가족농의 도산을 초래하였다. 이에 연방정부 농무부는 학교급식과 관련하여 가족농을 지원하는 여러 프로그램들을 마련했고 그러한 프로그램들이 FTS 프로그램의 발전에 기여했다.

세 번째 요인으로는 이전에 실시된 학교급식 프로그램은 주로 잉여농산물을 이용한 급식지원이기 때문에 지역농산물의 이용과는 거리가 있었다. 연방정부는 급식 프로그램에서 학교급식이 지방을 30%이상 포함하지 말아야 하고 포화지방에 의한 칼로리가 10%를 넘지 말아야 한다는 영양관련 요건을 강화하였다. 하지만 2000년 미 농무부의 설문조사에 따르면 학교급식의 평균 지방비율이 38%이고, 연방정부 요건을 지키는 학교는 1%에 불과했다.[104] 이전의 급식 프로그램이 지역농산물을 이용하는 데 장애가 되고 아이들에게 적절한 영양을 공급하는 데 문제가 있자 그것의 대안으로 FTS 프로그램이 등장한 것으로 볼 수 있다.

새로운 FTS 프로그램은 기존에 미국에서 시행했던 학교급식 프로그램과 비교했을 때 다음과 같은 특징을 보이고 있다. 첫째, 이전의 급식 프로그램이 전국에서 실시되고 있는데 비해, FTS프로그램은 전국이 아니라 일부 주에서만 실시되고 있고 둘째, 급식의 관리 및 운영을 교육구와 학교가 책임지고 있으며, 전에 시행된 급식 프로그램은 연방정부의 법제화에 기초한 것으로 그것의 관리 및 운영의 책임이 국가에 있었다. 반면에 FTS 프로그램은 국가주도보다는 교육구 또는 개별학교 주도로 운용되기 때문에 교육구나 학교가 그 책임을 지고 있다. 셋째, FTS 프로그램은 민간부문NGO,자원봉사자이 참여하는 가운데 실시되고 있다. 정부가 관리하고 운영한 이전의 급식 프로그램에는 민간부분의 참여가 제한되었다. 넷째, 이전의 급식 프로그램은 주요 재원이 국가나 주정부의 지원이었으나 FTS 프로그램은 국가나 주정부의 지원도 있지만 급식비는 수익자 부담을 원칙으로 하여 실시되고 있다. 다섯째, 이전의 급식 프로그램은 주로 잉여농산물 이용과 관련되어 있기 때문에 프로그램에서 구매하는 농산물은 잉여농산물이었다. 반면에 FTS 프로그램이 구입하는 농산물은 가족농이 생산한 지역농산물이다. 여섯째, 이전의 급식 프로그램은 전국이 거의 같은 방식으로 실시하고 있으나, FTS 프로그램은 지역마다 차이가 난다. 교육구마다 여건이 다르기 때문이다.

FTS 프로그램은 급식 이용자인 학생들의 건강과 영양 향상에 기여하고 있으며, 학생들은 내용을 아는 음식을 먹게 되면서 음식에 대한 관심이 높아

---

104) Suzanne Havala, M.S., R.D.USDA School Meals Initiative for Healthy Children, 2000.

지고 있다. 그리고 도시지역 학생이나 농장체험을 하지 못한 학생들에게 농장체험의 기회를 제공한다. 학부모들은 자녀들이 학교급식에서 온전한 지역생산 농산물을 먹는 것에 대한 만족감을 가지고 있다. FTS 프로그램을 실시하는 학교의 지역농산물 구매는 지역 농민의 소득증대로 직결되어 농민들에게 유익함은 물론이다.

일본의 지산지소 운동

일본의 지산지소地産地消 운동이란 '지역에서 생산한 농산물을 지역에서 소비하는 것'을 목표로 하는 활동을 말한다. 이 운동은 농민과 소비자 모두에게 유용한 운동으로 지역 경제 활성화는 물론 궁극적으로 안전한 농산물을 생산하고 소비하여 국민건강에 기여하고 지역경제 활성화에도 기여하게 된다.

일본 농림수산성 조사에 의하면 학교급식에 지역농산물을 항상 사용하고 있는 초·중학교가 전체의 80% 이상에 달하고 있다. 또한 지산지소 활동의 중요한 시설인 전국 산지직판장에서의 매출액 중에서 6할 이상을 지역농산물이 차지하고 있을 정도로 지산지소 운동이 일본의 지역사회에서 뿌리를 내려가고 있다.

지산지소 운동의 구체적 내용으로는 산지직판장을 통한 지역농산물을 지역소비자에게 판매하는 활동, 지역 소매업이나 식당 등에 지역농산물을 공급하는 활동, 학교급식에 지역농산물을 제공하는 활동, 지역 가공업자에게 원료농산물을 공급하는 활동, 그리고 '채소트러스트'나 '주류트러스트' 등과 같은 소비자 연대형 농업활동 등이 있다. 이러한 활동을 통하여 생산자와 소비자간 신뢰관계가 구축되고, 동시에 소비자의 기호 파악과 이것을 생산현장에서 활용함에 따라 소비자의 식생활과 농민의 영농활동에 대한 이해하는 계기가 되며, 농가의 소득원 다양화에 기여하고, 다양한 소비자 · 실수요자 기호에 적절히 대응함으로써 국내생산 증대와 식량자급률 향상에 기여하며, 나아가 지역의 주체성을 살려 지역경제 활성화에 기여하는 효과를 기대할 수 있다.

일본 농민들은 과거에는 도매시장에 출하하기 어려운 상품을 산지직판장에 판매함으로써 소득을 올리려 했으나 최근 지산지소 운동이 활발하게 전개되면서 소비자의 산지직판장에 양질의 안전한 고품질 농산물을 판매하고 있다.

지산지소 운동의 중요한 의미는 단순히 지역에서 생산된 것을 지역에서 판매 · 소비하는 것에 그치는 것이 아니라, 소비자 또는 실수요자의 기호를 적절히 파악하여 생산함으로써 지역산 농산물의 소비확대를 도모한다는 전략이 내재되어 있다는 점을 중시할 필요가 있다.

13

공동체지원농업

CSA : Community Supported Agriculture

1. 공동체지원농업의 의의 및 운영 방법

개방화, 세계화 시대의 농산물무역 자유화는 농업부문에도 철저한 자본의 논리가 도입되면서 농민뿐만 아니라 소비자 모두에게 이롭지 못한 상황을 초래하고 있다. 농업생산은 물론 유통, 가공, 저장, 무역 등 전 과정에서의 규모화와 자본화에 의한 이윤추구는 상대적으로 중소농과 중소규모 유통주체, 가공업체들이 설자리를 잃어가고 있는 실정이다. 이는 결국 농촌의 과소화와 지역사회의 붕괴를 초래할 수도 있는 위기적 상황을 맞이하게 된다.

이러한 위기적 상황을 타개하기 위한 한 방안으로 지역도 지키고 중·소가족농도 지키려는 노력의 일환으로 등장한 것이 공동체지원농업Community Supported Agriculture : CSA이다. 공동체지원농업은 지역주민들이 지역농민에게 일정한 회비를 납부하고, 지역에서 생산된 농산물을 소비하는 시스템으로서 지역회원이 매년 농산물 생산비를 보장하는 회비를 내고 제철에 생산된 농산물을 지역농가로부터 공급받는 시스템이다.

생산자와 소비자는 수확을 서로 나눌 뿐만 아니라 기후 불순으로 인한 농업의 리스크위험까지도 서로 분담한다. 이는 지역농부의 소득을 안정적으로 보장해 지속 가능한 농업 시스템을 유지하려는 것으로 농산물에 대한 직거래를 통해 농민에게 공정한 보상을 보장함과 동시에 소비자에게는 안전한 먹을거리를 제공하게 되고 지역공동체도 살리자는 취지에서 추진된다.

공동체지원농업을 운영하는 방법은 다양하다. 전체 회원을 대상으로 생산비 등의 예산을 수립해 이를 서로 나누는 방법이 있다. 또 다른 방법은 농민이 생산한 농산물의 가치와 무게에 따라 생산비를 직접 결정하기도 한다. 회원들은 회비 또는 노동 참여의 대가로 CSA 농장에서 생산된 농산물을 분배받는다. 농산물 분배는 회원이 직접 농장이나 농민시장, 마을 등에 와서 가져가거나 농민들이 직접 배달을 한다. CSA 농장은 농장 생산물 이외에 인근 농장에서 생산한 농산물을 구입해 회원들에게 제공하기도 한다. 공동체 지원농업은 지역주민과 농업에 맞게 설계돼 운영되고 지속가능한 운영과 경제적이고 친환경적인 시스템을 유지하기 위해 노력한다는 측면에서 21세기 농업문명의 새로운 한 축임은 자명하다.

2. 공동체지원농업의 유형

공동체지원농업을 추진하는 주체를 중심으로 분류해 보면 오늘날 미국과 캐나다에서 활동 중인 공동체지원농업에는 대략 4가지 유형이 있다. 첫째 유형은 농민 주도형으로서 농업 독농가들이 공동체지원농업을 위한 조직을 구성하고 경영상 가장 중요한 결정을 내리는 유형이다. 이 때 회원은 대체적으로 경제적으로 곤란하지 않은 사람들이 대부분이다. 이러한 종류의 공동체지

원농업은 초기 공동체지원농업 운동에서 많이 형성되었다.

두 번째 유형은 주주 또는 소비자 주도형으로 유기농산물을 애용하는 주주회원인 소비자들이 공동체지원농업 시행주체를 조직하고 그들이 요구하는 작목을 재배할 농부를 고용하는 형태이다.

세 번째 유형은 농민 협동형으로 농민주도형 공동체지원농업이 변형되어진 것으로 볼 수 있다. 이러한 유형의 공동체지원농업은 2인 이상의 유기농업 독농가들이 재원을 공동출자하여 유기 농산물을 생산하고 함께 주주회원인 소비자에게 공급하는 유형이다.

네 번째 유형은 생산 소비자 협동형으로서 유기농업 독농가와 주주회원 소비자간에 경작지를 공동소유하면서, 농기구, 농자재와 노동을 함께 투여하며 유기 농산물을 생산 공급하는 형태의 공동체지원농업이다. 이러한 4가지 유형의 공동체지원농업은 실제 각 지역간, 국가간 차이에 따라 조금씩 차이를 보이는 경우가 많다.

공동체지원농업의 회원은 2종류의 회원이 있다. 일부 공동체지원농업 회원은 많은 회비를 내는 대신 전혀 노동력을 제공하지 않고 공동체지원농업운동에 참여하나, 대개의 공동체지원농업 회원들은 계절별로 수확기마다 수차례 일하는 시간을 정해 노동력을 자원봉사 활동처럼 공동체지원농업 농장에 제공하고 그 대신 공동체지원농업 회비를 조금만 낸다. 일부 공동체지원농업 농장에서는 작물재배기간에 노동력제공 공동체지원농업회원에게 1주일에 3시간을 일할 기회를 주고 그들의 비용을 50% 삭감하는 것을 제시하는 등, 공동으로 일하는 프로그램을 많이 제공하고 있다. 한편 어떤 공동체지원농업 농장에서는 공동분배 유기 농산물의 가격을 낮추기 위해 하루에 3~4시간 노동력제공 자원봉사 회원들을 요구하기도 한다.

3. 공동체지원농업의 장점

공동체지원농업의 장점은 소비자들이 당일 수확한 채소 등 제철 유기 농산물을 일반가격으로 받을 수 있으며, 시장에서 구매하는 것보다 다양한 종류의 신선한 과일과 채소를 받는다. 또한 농업에 직접 참여함으로서 지역농업을 통한 환경보전을 할 수 있으며 농사를 배울 수 있다. 농민들은 중간상인의 유통마진을 없애기 때문에 더 많은 이익을 창출할 수 있다. 또한 사전 계약재배 형식이므로 체계적인 생산을 통해 과잉생산이나 저장비용 등을 최대한 줄일 수 있으며 안정된 판로를 확보하게 된다.

공동체지원농업은 또한 많은 지역사회 도시민들이 잃어버릴 수 있는 흙과 고향과 자연을 느낄 수 있으며 안전하고 품질 좋은 먹을거리를 확보할 수도 있기 때문에 정서적 안정감을 준다. 또한 다시 회원들의 자녀들은 농촌지역과 농업과 자연을 접하면서 건강은 물론 정서발달에도 기여할 수 있다.

따라서 농민들에게는 경제적으로 회원자본을 이용하기 때문에 농민이 정부보조금이나 은행 융자에 대한 의존을 줄일 수 있다. 중간상인을 거치지 않으면서 안정적인 수입을 보장한다. 사전주문, 수요파악으로 저장비용, 판매부진을 줄일 수 있다. 다양한 작물의 영농으로 지속적 영농이 가능하다. 소비자와 인간적인 접촉이 가능하다.

지역사회는 지역에 고용을 창출하고 지역농산물을 위한 안정된 시장을 열 수 있다. 환경 면에서 유기농법을 이용하여 영농을 하므로 지역의 지속성에 기여한다. 생산자와 소비자의 교류가 관계의 발전으로 이어지고 이러한 연대감은 서로 위험을 공유하고 상호 이익을 도모하게 한다. 지역관습과 전통을 반영한 지역문화를 보전할 수 있고 문화적 다양성 유지에 기여한다.

따라서 공동체지원농업은 농가도 살리고 농촌지역도 살리며 문화도 살리고 자연과 환경을 살림은 물론, 안전한 식품을 공급받을 권리가 있는 소비자도 살리는 살림의 운동이라 할 수 있다. 21세기 새로운 농업문명의 커다란 한 축이 될 수 있음은 물론이다.

4. 공동체지원농업의 사례

공동체지원농업은 1960년대 독일 · 일본 등지에서 시작되었으며 소농을 지키고, 농촌지역공동체를 유지시키며, 농업의 생태적 전환을 시도하는 중요한 농업문명의 전환운동이었다.

미국에서는 1986년에 뉴잉글랜드 지역에서 처음으로 공동체지원농업이 시작되었다. 특히 지난 수년 동안 식품안전 문제가 계속해서 등장하면서 선진국에서 이런 공동체지원농업이 급증하는 추세이다. 2008년에는 프랑스에서도 공동체지원농업이 시작되어 현재는 약 1,200여 개의 농장에서 시도되고 있으며 영국, 브라질 등 30개국 이상으로 퍼지고 있다. 물론 아직은 미미할지도 모르지만 농민과 소비자, 농촌과 도시가 함께 우리 시대의 문제점을 공유하고 함께 해결하려는 시도라는 점에서 큰 의미가 있다. 그 사례를 들어보자.

미국

미국은 1986년에 매사추세츠 주의 튜인Jan Vander Tuin과 뉴햄프셔 주의 그로우Trauger Groh가 처음으로 공동체지원농업을 시작하여 1990~2000년대에 급증했다. 미 농무성이 2007년 처음으로 조사했는데 12,549개의 농장에 이르고 있다.

미국의 공동체지원농업 프로그램은 생산자와 소비자가 1년 단위로 계약하는 회원제 직거래 시스템이다. 회원인 소비자는 1년치를 선납 출자하고, 신선한 유기 농산물을 매주 싼값에 공급받는다. 생산자는 공동체지원농업 쪽과 연간 공급 계약을 맺음으로써 안정적인 판로를 보장받는다. 특히 공동체지원농업에서 선납받은 소비자들의 출자금은 흉작 등으로 충분한 물량을 공급하지 못하더라도 환불해 줄 의무가 없다. 공동체지원농업에 참여하고 있는 대다수의 농가가 화학비료나 농약을 사용하지 않는 유기농업을 하고 있다.

공동체지원농업은 매주마다 10~35$에 해당되는 농산물이 분배 · 배달되었고 소비자회원은 22주에 평균 346$정도225~500$를 농산물 구입비용으로 지불한다. 최근에 와서는 공동체지원농업 회원수가 점차 증가하여 공동체지원농업 운동단체당 회원수는 평균 약 200~400명에 달하고 있으며 1~2개 농가 이상에서 생산 · 공급하는 농산물을 공급받고 있다.

미국의 유기 농산물 생산 · 유통은 공동체지원농업에 의해 주로 유통되고 있다. 공동체지원농업을 주도하는 환경보존형 농업단체는 전국적으로 약 520개 조직과 10만 명의 회원이 있다. 각 조직은 회원 20명 이하의 소집단을 형성하여 활동하고 있고 소비자가 생산활동에 참여하도록 하고 있다. 워싱턴 주 공동체지원농업의 경우 소비자의 생산참여를 위해 회비를 납부하는 대신에 20일간의 노력을 제공하는 방법을 이용하고 있으며, 아침 시장에 '토마토 시식회'를 개최하는 등 독특한 활동을 전개하고 있다고 한다.

일본

일본에서는 1960년대에 시작된 생산 농가와 소비자가 직접 결합되는 '산소제휴産消提携 운동' 또는 테이케이농업제휴농업, テイケイ農業을 효시로 보고 있다. 1980년대 이후에는 세계 경제의 개방화와 세계화의 만연으로 곤경에 처한 소규모 농가를 지키기 위해, 지역주민이 지역농산물을 매입해 주는 방식으로 최근 급성장했다.

공동체지원농업은 현재 유기농업이 대부분이지만 지역과 농가가 서로 지탱하는 것은 유기농업에 한정되지 않는다. 개방화에 의한 쌀값 하락으로 농업을 유지하기 힘든 쌀 농가가 많은 미야기 현이나 니가타 현의 나카야마간지에서도 공동체지원농업이 시작되고 있다.

한국

한국에서도 '콩세알나눔운동'이라는 공동체지원농업 실험이 시작되고 있다. 2004년부터 유기농 직거래 초록장터www.kong3al.net를 시작으로 도시가구와 농가간의 교류가 시작된 이래 2008년에 공동체지원농업 운동으로 시작되었다. 소비자 회원들은 월 3만원 · 5만원 · 10만원씩을 회비로 내고 매주 혹은 격주로 친환경농산물을 농가로부터 배달 받는 공동체지원농업이 사회적 기업의 형태로 운영되기 시작했다.

콩세알나눔이라는 공동체지원농업은 미래에 도시가구와 농촌가구가 함께 만드는 마을만들기이다. 콩세알은 현재, 키움이생산자를 부르는 말들은 이천 율면과 신둔면에 협력농가가 있고, 여성농업인모임 '밤토리'가 있나. 나눔이들은 서울, 경기를 중심으로 80여 가구가 모여 있다. 회원들은 나눔상자에 연간 약 40여종의 제철채소, 산야초효소, 장류, 기름류 등을 공급받고, 연간 두 차례 마을잔치, 어린이 농업캠프, 김장잔치 등을 통해 키움이와 나눔이 간에 커뮤니티 활동을 한다.

콩세알은 호주의 CSA사회적 기업 「푸드 커넥트」와 일본의 유기농업협회 「테이케이teikei」를 주요모델로 참고하여 2012년까지 경기도 이천시 율면을 중심으로 콩세알마을 만들기를 확산하고, 여주, 장호원, 괴산 등 인근지역 마을들과 교류폭을 확대해 나갈 계획이다.[105] 일본이나 미국의 공동체지원농업이 폭발적으로 급성장하는데 비할 바는 아니지만, 어쨌든 개별 직거래 대신 시민의 회원모임 형태로 특정 농가 · 농장과 연대를 맺고, 그를 통해서 지속적으로 농업 활동에 참여하는 이런 방식은 성공할 가능성이 아주 높다.

2009년 전국 최초로 지방자치단체에 의한 공동체지원농업이 시행되고 있다. 2009년 2월 광명시의회에 의해 '광명시 시민농업 활성화 및 지원에 관한 조례안'이 통과되어 시민농업조례안은 전국 최초로 '시민농업'에 대한 개념을 규정하고 지원하는 조례라는 측면에서도 의의가 크고 향후 전국적으로 퍼져나갈 가능성을 열었다는 의미도 크다. 시민농업 조례안이 담고 있는 내용과 철학은 기존에 알려져 있는 주말농장과는 위상과 성격이 다르다. 이 조례안은 콘크리트가 아닌 흙과 생명을 살리고 유기농업보다 한 차원 더 상위 개념인 '유기순환농업'을 전제로 하고 있다. 도심에서 농업을 통해 공동체를 회복하고 생태를 회복하며 이를 위한 제반 교육 지원을 가능하도록 했다. 이러한 일련의 내용은 '농업의 다원적 기능'이라고 하는 개념으로 규정되어 있다.

이 조례에는 시민농업위원회를 두어 관련 시민농업 정책을 심의 의결하고 지원하도록 했다. 시 공무원, 시민농업 관련 전문가, 시민단체 대표, 시민농업인 등을 시장이 위원으로 위촉하도록 했다. 시유지 혹은 소유자가 있는 유휴지를 시민농장으로 설치하도록 했고, 그 규모를 1,000제곱미터 이상으로 규정하고 지원하도록 했다. 도시텃밭, 상자텃밭을 보급 지원하도록 했고 도시농부학교를 통해 시민농업에 대한 교육을 지원하도록 했다. 예산 지원은 이 조례로 직접 지원하는 방식보다는 보조금 지원조례에 준해 지원하도록 했다.

105) 김윤성, 예비사회적기업 콩세알의 시도, 지역과 농업-생태를 위한 새로운 가능성을 열다, 콩세알마을토론회 자료, 2009, pp.8~10

14

공정무역

Fair Trade

1. 공정무역의 정의 및 배경

21세기 새로운 농업문명 전환의 또 다른 형태는 공정무역이라 할 수 있다. 4개의 공정무역 네트워크공정무역 국제상표기구, 국제 공정무역연합, 유럽월드샵 네트워크, 유럽 공정무역협회의 공식 연합체인 FINE[106]에 의하면 공정무역이란 공정한 가격 보장a fair price, 공정한 발언권 제공a fair say, 공정한 이익의 분배a fair share the profit를 목적으로 생산자와 소비자가 서로 좋은 것을 수고받으며 윈윈하는 무역 방법이다. 생산자에게는 인간적인 삶을 제고하고 기업과 소비자에게는 좋은 품질의 물건과 윤리적 소비 생활을 제공해 주는 대안적 무역 방식이다.

공정무역의 전략적 목적은 경쟁에서 떠밀려 버린 생산자들과 노동자들을 도와 이들의 생계를 안정시키고, 경제적 자급자족이 가능하도록 돕기 위함이

106) FINE은 1998년 4개의 공정무역 네트워크의 공식연합체임. 즉,

F Fairtrade Labelling Organizations International (FLO)

I International Fair Trade Association, now the World Fair Trade Organization (WFTO)

N Network of European Worldshops (NEWS!) and

E European Fair Trade Association (EFTA)

세계 무역 질서를 좌지우지하는 세계무역기구(World Trade Organization)에 대항하겠다며 새로 바꾼 이름으로 출발하는 세계공정무역기구(World Fair Trade Organization, 前 국제 공정무역 연합International Fair Trade Association, IFAT)은 세계 공정무역의 날(World Fair Trade Day)에 맞춰 공정무역의 전 지구적 홍보에 초점을 두었다. <자료출처 : WFTO>

다. 또한 그들의 일터에서 정당한 지분을 갖게 하고, 국제 무역에서의 공정성을 확보하도록 하며, 국제무대에서 폭넓은 역할을 수행하도록 함으로써 그들에게 자립 능력을 부여하는 데 목적이 있다.

이러한 공정무역 운동의 배경에는 21세기 현재의 세계 무역구조에서는 선진국은 더욱 풍요롭게 되고 제3세계 국가들은 점점 더 빈곤해지는 양극화의 문제가 더욱 심해지는 데 따른 문제의식이다. 생산자와 소비자가 동등한 입장에서 거래하기 보다는 선진국 혹은 수입자에게 일방적으로 유리한 방식으로 무역이 이루어져 제3세계국가들의 원료와 상품 그리고 노동력까지 헐값에 팔리는 등 불공정무역의 소지가 매우 많다. 개발, 산업화, 경제 발전이라는 미명하에 제3세계국가들의 자연환경과 전통문화는 거침없이 파괴되고, 싼 임금에 어린아이들의 노동력까지 착취되고 있는 현실에 대한 대안 운동이다.

뿐만 아니라 불공정한 거래와 수입자 중심의 교역 방식은 결국 무역의 이익이 생산자, 수입자, 유통자, 소비자에게 골고루 배분되지 못하도록 한다. 이는 꾸준히 증가하고 있는 전세계 무역량에도 불구하고 제3세계의 생산자들이 계속 빈곤할 수밖에 없는 악순환이 지속되고 있다. 일자리의 기회가 주어지지 않는 여성, 장애인, 난민, 소수민족의 열악한 삶도 제3세계 빈곤 문제의 중심이라는 문제인식에서 공정무역운동은 출발하였다.

하루에 단 1달러가 없어 굶주리며 아기들을 업고 구걸하며 살아가는 무기력한 그들에게 필요한 것은 일회적인 구호물자가 아니라, 적정한 근로수당이 보장되는 안정적인 일자리와 지속적인 교육이 더 우선이라는 인식하에 경제적으로 소외 받고 있는 제3세계 어려운 사람들의 경제적인 자립을 목표로 새롭게 시작된 무역이 바로 공정무역이 시작된 배경이라 할 수 있다.

2. 공정무역의 역사와 현황

공정무역은 현재 전세계의 많은 시민들과 단체들의 호응 속에서 기존의 경제구조에서 밖으로 밀려나 있던 사람들에게 교육과 일자리를 제공하고, 환경 친화적인 방식으로 상품을 생산 관리하며, 생산자들이 '인간다운 삶을 영위할 수 있는 근로조건 및 임금을 제공함으로써 우리가 살고 있는 이 세상을 보다 윤리적이고 지속 가능하도록 만들어 가고 있다.[107]

제3세계의 빈곤 문제를 해결하고자 종교 단체들과 다양한 비정부기구NGO들에 의하여 1940년대와 1950년대에 선진국 시장에서 공정무역 상품을 상품화하려는 첫 시도가 있었다. 1946년과 1949년에 기독교 계통의 민간구호 단체인 미국의 메노나이트 중앙위원회MCC 소속의 비정부 기구인 텐싸우전트 빌리지Ten Thousand Villages[108]와 국제 SERRV[109]가 개발도상국에서 공정

107) 한국공정무역연합회 자료(http://cafe.naver.com/fairtradekorea.cafe)

108) http://www.tenthousandvillages.com

109) SERRV International 은 미국, 아프리카, 아시아, 남미의 여러 나라들에 의해 운영되는 비정부기구임. 1949년부터 공정무역을 시작한 최초의 NGO 중 하나임. 2006년에는 세계 35개국의 85개 소규모 노동자들이 만든 제품을 천만 달러 정도 수입하기도 함. SERRV International은 World Fair Trade Organization(WFTO) and the Fair Trade Federation(FTF)에 의해 설립되었음.

무역 공급망을 개발한 것이 처음이다. '대안Alternative' 혹은 '공정Fair' 무역이라고도 불리는 이 국제적 노력은 각종 원조 기금과 구호단체들의 노력에도 불구하고 더욱 더 가난해져만 가는 제3세계의 빈곤을 직시하고, 그 주요 원인 중 하나인 선진국과의 불공정한 거래를 개선하기 위하여 시작되었다.

공정무역은 1946년 미국 텐싸우전트 빌리지에서 푸에르토리코의 바느질 제품과 1950년대 후반 영국 Oxfam 가게에서 중국 피난민에 의해 만들어진 공예품을 판매한 것을 본격적인 시도로 본다. 1960년대 들어 공정무역 조직이 결성되고 비정부기구에서 아시아와 아프리카 라틴아메리카 등 빈곤한 생산자를 지원하는 조직의 필요성이 대두되어 시민운동으로 자리잡게 되었다.

1973년 네덜란드의 합법적인 무역 조직에서 처음으로 과테말라 농부의 작은 협동조합에서 커피를 공정하게 구매한 이후 수십만의 커피 농부가 정당한 가격을 받고 커피를 팔 수 있게 되었으며, 오늘날 공정무역 커피의 시초가 되었다. 1988년 멕스 하벨라Max Hvelaar[110]라는 공정무역 커피 회사가 네덜란드에 세워져 이 회사 라벨 커피가 2~3%의 시장 점유율을 가질 정도로 성공하였다.

영국 커피시장의 14%를 차지하고 있는 까페 다이렉트cafe direct는 1989년 국제시장에서 커피가격이 급락하면서 1,000만 명 이상의 현지 농민 노동자가 일하고 있는 중남미와 아프리카, 아시아의 커피농장이 생산원가 이하로 커피를 팔 수 밖에 없는 상황에 대한 대안으로 만들어진 상품이다. 전세계 커피 값이 얼마나 내려가는가에 상관없이 확정된 농장주들에게 최저가격을 보장하고, 가격하락에 대한 손실분은 공정무역을 지지하는 각종 사회펀드를 통해 지원하고 있다. TWIN[111]은 1998년부터 3년 동안 우간다에 유기농 커피

110) www.maxhavelaar.nl
111) www.twin.org.uk

생산 농법을 일구었고 마침내 유기농 인증을 받았다.

공정무역의 체계가 잘 잡힌 영국에서는 1950년대에 공정무역을 시작한 이래로 현재 거래되는 품목이 커피, 설탕, 바나나, 가구, 스포츠 공, 옷, 관광사업에 이르기까지 2,000종 이상이며 전문 상점뿐 아니라 슈퍼마켓에서도 살 수 있어 소비자들의 인지도가 매우 높다. 2006년 현재 공정무역에 대한 인식을 높이고 공정무역 제품의 소비를 늘리기 위해 활동하는 공정무역 도시와 마을, 초중등학교, 대학, 종교 단체가 200곳이 넘는다2006년.

1990년대 중반 이후 세계화와 신자유주의의 급속한 확산으로 무역에 따른 대부분의 이익이 선진국에 몰리면서 제3세계의 생산자들은 빈곤의 굴레에서 벗어날 수 없다는 문제 인식이 이 시기에 더욱 확산되면서 공정무역 운동도 더욱 확산되었다. 1997년 세계적인 단체 FLO[112]가 만들어졌다. FLO는 공정무역 제품을 인증하는 라벨을 제정하였으며, 아시아 · 아프리카 · 라틴아메리카 48개국에서 357개의 인증 생산자 단체와 80만 명의 농민 · 노동자가 FLO과 협력관계를 맺고 커피, 바나나, 포도주, 초콜릿 등을 공급하고 있다. FLO의 각국 조직은 국내 소매업자 및 생협 등과 계약하고 라이선스 관리와 생산자 중계 · 지원을 한다.

세계 곳곳에서 벌어지는 대안무역의 힘을 결집시키기 위해 1989년 국제대안무역연맹International Federation for Alternative Trade : IFAT)이 탄생했고, IFAT[113]에는 약 50여 개 국가에 걸쳐 있는 160개 이상의 대안무역 단체들이 연대해 있다. 이 IFTA에서는 2004년 IFTA의 기준을 충족하고 감시를 받는 공정무역 조직에 마크를 제공하였다.

1994년 유럽 공정무역가게협회 NEWS[114]가 설립되어 유럽의 15개국에

112) www.fairtrade.net
113) www.ifat.org
114) www.worldshops.org

서 대략 3,000개의 가게가 가입하고 있다. NEWS에서는 2004년 5월 4일부터 매년 5월 둘째주 토요일 세계공정무역의 날 캠페인도 시작하였다. 유럽의 경우는, 스위스, 네덜란드, 독일의 공정무역이 급격하게 성장하는 추세로서, 2010년 현재 1,300여 종의 상품이 개발되어 있는데 어느 상점에 가나, 공정무역 상표가 붙은 물품을 손쉽게 구매할 수 있을 정도이다. 그만큼 공정무역은 시민의 일상생활에 깊숙이 자리잡고 있다. 영국 대형체인상점인 테스코Tesco에서조차 시민들의 요구에 따라 공정무역 상품을 판매하고 있다.

3. 공정무역의 성과

정의로운 무역을 지향하는 공정무역은 가난을 극복할 수 있는 기회를 제공하고 있다. 2001년 인도에서는 빚더미에 오른 마을을 팔려고 경매에 내놓는 일이 벌어지고 있었고, 심지어 신장을 팔고, 집단 자살하겠다는 마을까지 있었다. 세계 면화 가격이 급락하면서 인도의 면화 재배 농민들이 큰 피해를 입어 인도 전역에서 자살하는 사람들이 줄을 이었다. 공정무역 면화 생산 회사인 애그로셀 인더스트리즈에 동참하는 농민들은 공정무역을 한 뒤로 무엇보다 사람들의 자살을 막을 수 있는 것이 공정무역의 큰 혜택이라고 말한다.

공정무역은 아프리카, 동남아시아, 라틴 아메리카 등지에서 커피, 설탕, 바나나, 면화, 코코아 등을 재배하는 영세 농민과 노동자들에게 최소 가격을 보장한다. 예를 들어 최근 몇 년 동안 아라비카 커피는 평균 가격이 1파운드에 70센트였지만 공정무역 커피는 평균 1달러 21센트를 지불했다. 공정무역 농민 협동조합들은 공정무역을 한 이후 25~60% 정도 소득이 증가한 것으로 추정한다.

또한 주류 시장에서는 중간 유통망이 챙길 이익을 공정무역 체계에서는 생산자들에게 소매가격의 2%를 제품 가격에 포함해서 돌려준다. 이것이 곧 사회적 초과 이익이며 이 돈은 협동조합의 노사 협의체에서 조합원들의 민주적인 의사 결정에 따라 용도를 결정한다. 우간다의 농민 조합에서는 산부인과 병동을 지었으며, 니카라과에서는 수돗물 공급 사업과 도로 건설, 장학금 지급 등에 지불되었고, 조합원들에게 소액 대출을 해주기도 한다. 또한 공정무역은 1년 이상의 장기 계약을 체결함으로써 생산자들에게 생활과 소득의 안정감을 준다. 그야말로 공정무역이 개인과 공동체의 가난을 극복하고, 인권을 신장하고 삶의 질을 높이는 데 실제적인 도움을 주고 있다.

인도와 방글라데시의 여성들은 전통적인 수작업을 통해 만든 옷을 공정무역을 통해 판매함으로써 더욱 건강한 하루 두 끼 식사와 아이들의 학비를 마련하고 있다. 이곳 여성들은 하루 12시간 폐쇄적인 공장에서 저임금과 복지 혜택 없이 일하는 '얼굴 없는' 노동자가 아니라, 자신의 마을에 뿌리내리고 살면서 전통을 잇는 '얼굴 있는' 장인 수공업자가 되었다. 공정무역은 이렇게 얼굴과 사람이 있는 무역이다.

아시아 여성 중심 공정무역의 사례로 일본의 네팔리 바자로Nepali Bazaro는 네팔 상품을 수입 판매하고 있는데 이 기업의 목표는 최대 이윤 추구가 아니라 생산지역 여성 농민과 그 가족들에 대한 '토털복지 실현'이다. 2007년 기준 14명의 직원과 400여 가지 물품을 수입하여 일본 전역에 500군데 매장에 납품하고 있다. 매출도 꾸준히 성장해서 2007년 말 매출액은 3억 엔을 넘어섰다.

한국의 '페어트레이드 코리아'는 '여성환경연대'의 산모 역할을 통해 탄생했다. '페어트레이드 코리아'는 공정무역을 '희망무역'으로 함께 칭하면서 '착한 밸런타인데이' 캠페인과 슬로패션slow fashion, 유기농 면, GMO식품 국제 심포지엄 개최 등을 전개하고 있다.

개발도상국의 가난을 극복하는 데 도움이 될 목적으로 시작된 공정무역은 현 시점에서 자유무역의 부작용을 극복할 대안으로 부상하면서 미국, 서유럽 등 선진국에서 크게 성공하고 있다. 영국 국민의 86%가 공정무역을 알고 있고, 스웨덴 64%, 네덜란드 62%, 벨기에 68%의 시민들이 공정무역 상품을 지지하겠다는 통계를 보아도 세계적으로 꾸준히 발전하고 있음을 알 수 있다.

공정무역은 지속적으로 성장해 가고 있다. 국제공정무역연합IFAT에 의하면 2006년 총 거래액은 약 26억 달러에 이르고 공정무역으로 수입을 얻는 가구는 약 80만 가구, 5백만 명으로 추정하고 있다. 공정무역 식품과 음료는 이 산업 부문의 세계 총 거래량의 0.01퍼센트밖에 안 되지만 '윤리적 소비자' 층의 확산과 함께 매년 50% 정도의 지속 성장을 하고 있다.

4. 공정무역타운선언 운동

영국의 공정무역재단은 공정무역타운선언Fair Trade Town Campaign 운동을 벌리고 있다.[115] 공정무역타운선언이란 공정무역의 이념에 찬성하는 지방자치단체들이 주체가 되어 "공정무역을 선언하는 마을"이 되고, 그 마을의 주민이 적극적으로 공정무역을 실천할 수 있는 지역환경을 조성하게 된다. 공정무역타운을 선언하는 마을은 민관이 일체가 되어 환경정비를 하게 된다.

농업을 포함한 지역경제를 지켜 지방자치를 강화하며, 지역주민의 연대감을 높이고 풍부하고 안전한 소비생활을 지역주민에게 제공하는 효과가 있을 것이라 기대되는 공정무역타운선언 운동은 이미 영국에서는 현재 100개

115) Korea Fair Trade Town(한국공정무역연합)

이상의 마을이 공정무역타운선언을 했고 230개 마을이 준비 중이며 공정무역 인정제품의 판매는 빠른 속도로 늘어나고 있다. 이러한 움직임이 유럽본토에도 영향을 미쳐 유럽각국 공정무역추진 단체가 공동으로 공정무역타운선언 운동을 추진하고 있는 단계이다.

공정무역타운선언 운동에 동참하면 다음과 같은 다섯 가지의 일들이 수행된다. 첫째, 지방자치단체가 공정무역 촉진의 결의안을 가결하면 지방의회, 지방청사와 구내식당에서는 공정무역커피와 홍차를 사용하게 된다. 지방의회가 주도하여 공정무역을 추진하고 팸플릿을 작성하며 "공정무역선언"이라는 도로표지를 설치하고 공정무역 담당자를 임명하게 된다.

둘째, 공정무역제품이 그 지역 내의 가게에 진열되어 사람들이 구매할 수 있도록 한다. 지역의 커피숍과 케이터링 서비스 업체에서도 공정무역제품을 판매할 수 있도록 하고, 지역주민이 쉽게 공정무역제품에 접근할 수 있도록 가게 앞에 "공정무역인정제품 취급점"이라고 표시한다.

셋째, 공정무역제품을 부동산과 미용실 등은 물론 지역 내의 직장과 교회, 학교 등 그 지역 전역에 보급하여 판매토록 한다. 공정무역제품에 대한 거래를 적극적으로 행하고 있다는 사실을 포스터 등으로 손님에게 홍보한다.

넷째, 지역 언론의 관심을 불러 일으켜 지역주민에게 지속적으로 알리도록 한다. 이벤트를 개최하기도 하여 공정무역에 관여하는 기업의 업적과 이미지가 향상되어 지방경제 활성화에 기여토록 한다.

다섯째, 공정무역을 추진하는 운영위원회를 설치하여 공정무역타운의 이름에 상응하는 활동이 지속적으로 전력을 다하지 않으면 안 된다. 운영위원회는 지방의회의 대표, 기업대표, 지역주민대표, 지역학교와 교회의 대표들로 구성하며 연차평가 등으로 감시하는 역할을 담당한다. 또, 공정무역추진 이벤트를 기획 · 운영하는 것과 함께, 젊은 사람들에게 공정무역을 포함한 무

공정무역 Peace Coffee

공정무역 피스커피

세계 최초의 공정무역타운인 영국의 가스탱

역문제 등에 대해서 교육적계몽활동을 펼치도록 한다.

공정무역타운선언 운동에 참여한 첫 마을은 2000년에 영국의 랭커셔Lancashire 주의 가스탱Garstang 시로서 세계에서 처음으로 공정무역타운을 선언했다. 이 운동은 지역민들과 지역의회의 관심을 불러 일으켰으며 공정무역에 대한 인식이 비약적으로 높아졌다.

5. 공정무역의 기본 원칙

공정무역의 기본원칙은 전통적인 무역 관행 때문에 경제적으로 불이익을 당하고 경쟁에서 밀려난 생산자들을 위한 기회를 창출하고, 관리는 투명해야 하며 무역거래 상대방을 존중하고 공정하게 거래해야 한다. 공정무역은 생산원가뿐만 아니라 생산이 사회적으로도 공정하고 환경적으로 건전해야 한다. 생산자에게 공정한 급료를 제공하고, 여성이든 남성이든 똑같은 노동에 똑같은 급료를 지불해야 하며, 기여한 만큼의 정당한 임금이 지불되어야 한다. 공정무역의 종사자들은 가능한 한 생산자들이 수확 전 또는 생산 전에 자금조달을 쉽게 할 수 있도록 모든 편의를 제공해야 한다.

또한 공정무역은 생산자를 위해 안전하고 건강한 노동 환경을 제공해야 한다. 만일 아이들이 노동을 해야 한다면 공정무역은 아이들의 복지와 안전은 물론 교육을 받을 수 있는 여건을 조성해 줘야 한다. 또한 UN 아동인권선언 뿐만 아니라 현지 사정에 입각한 제도와 관습을 따라야 하며, 공정무역은 더 나은 환경과 생산방식을 적용해야 한다.

15

도시농업의 확산

1. 도시농업의 정의와 형태

21세기 농업문명 전환의 또 다른 형태로 도시농업의 확산을 들 수 있다. 도시농업은 다양한 정의가 있으나[116] 일반적으로 도시인이 도시의 주어진 공간이나 새롭게 조성한 공간에서 식물이나 동물을 기르는 생산활동과 생산물을 활용하는 농업활동을 말한다. 작물재배와 동물사육을 통하여 직접 안전한 먹을거리를 조달함은 물론 농업이 갖는 생물다양성보전, 기후순화, 대기순화, 토양보전, 경관보전, 문화, 정서함양, 여가지원, 교육, 복지 등의 다양한 다원적 가치를 도시에서 실현하여 도시와 농업의 지속가능한 발전을 만들어내는 농업이다. 또한 도시민은 경제적 · 사회문화적 · 환경적 유익을 얻고, 도시 생활환경의 질적 향상을 도모하는 것이기도 하다.

도시농업은 건물옥상, 화분상자, 정원텃밭, 주말농장 등 도심에서의 농사와 도시 근교의 1ha 규모의 소농업, 자급농업, 가족농업을 통칭하기도 한다. 베란다와 옥상텃밭, 공한지 활용, 흙 상자 보급, 학교, 병원의 자투리땅,

주말농장, 지방정부에서 진행하고 있는 옥상녹화 사업[117] 등과 같이 도시의 빈 공간을 활용한 형태도 있고, 쓰레기 퇴비화, 사료화, 소멸화와 관련된 연구 및 보급 활동일 수도 있다. 보다 효과적이고 현실적으로 활용 가능한 농촌 자원에 대한 적극적 이용을 포함[118]하며 도시농업은 농촌에서 이루어지는

116) 도시농업 정의의 예

출처	도시농업의 정의
Smit et al.	도시농업은 주로 마을, 소도시에서 일상의 소비자의 요구에 반응하여 땅과 물 위에서 도시와 도시 주변 전체의 영역에 걸쳐 퍼져 있는 집약적인 생산방법을 적용하며, 천연자원과 도시 쓰레기를 사용, 재활용하고, 작물과 가축의 다양성을 초래하기 위하여 공정, 시장 식품과 연료를 만들어 내는 산업이다.
최 승	도시농업은 최근에 생성된 개념이 아니라 도시의 오랜 역사와 그 맥락을 같이 하는 것으로 도시 내에 존재하는 공한지 등의 유휴자원과 유휴 노동력을 이용해 소규모의 작물재배와 소규모 축산 등의 1차 산업을 통해 경제적 · 사회적 이익 및 도시 환경의 질적 향상을 위한 생활환경의 개선을 꾀하는 모든 종류의 인간활동이라 정의할 수 있다. 또한 이러한 도시농업의 결과로 나타나는 부수적 효과인 경제적 이익과 폐기물 처리문제의 일부 해결, 사회공동체 의식의 향상과 교육적 효과 등을 통한 도시의 인간화를 위한 모든 노력도 도시농업의 영역에 포함될 수 있다.
Adeyemi Abida et al.	도시농업이란, 도시 근처나 도시와 같은 장소에서 농업을 실행하고 정착시키는 것을 말한다.
UNDP (유엔개발계획)	도시 또는 도시인근의 토양과 수상에서 다양한 작물이나 가축을 생산하기 위해 자연자원이나 폐자원을 활용해 집약적인 생산 · 가공 · 유통을 하는 행위
Wisconsin University	도시농업은 도시의 영역을 둘러싼 지역에서 곡식, 가축, 어류 등의 농업을 실행하는 것이다. 도시농업은 공공용지, 길가, 강둑과 같은 땅을 이용할 수 있고 식량 생산활동 또는 경제적 활동을 실행할 수 있다. 이것은 식량안보와 식량안전에 두 가지의 역할을 한다. 첫째로 이것은 도시에 살고 있는 많은 사람을 먹이는 식량을 증가시키고, 둘째는 도시 소비자가 이용할 수 있는 신선한 채소를 경작할 수 있다.
요시다타로	주위가 택지로 둘러싸여 뿔뿔이 흩어진 토지 조각들을 이용한 농업. 학교와 공장의 인접지, 회사와 병원 그리고 주택가 옥상과 발코니에 이르기까지, 시내 한복판이라도 빈 땅이면 어디서든 유기농업으로 농산물을 생산하는 활동

자료 : 오대민·최영애, 자연과의 만남으로 나와 세상을 치유하는 도시농업, 학지사, 2006. 01

117) 서울시는 옥상공원화사업을 통해 2009년에 113개 건물을 지원했고, 2010년에도 112개 건물을 지원할 계획이다. 민간 소유 건물에서 99㎡ 이상의 옥상을 녹화할 경우 공공성 여부를 심사해 공사비의 50%를 지원해주고, 중점녹화추진지구인 남산 가시권은 70%까지 지원해준다. 지원에 대한 경쟁이 치열한 이사업은 캠퍼스 공간이 좁은 대학과 생태교육을 위해 옥상정원을 만들려는 초등학교의 신청이 많다고 한다.

118) 오대민 · 최영애, 자연과의 만남으로 나와 세상을 치유하는 도시농업, 학지사, 2006. 01

지는 농업의 농식품 생산과는 구분되지만 상호보완적인 역할을 담당하고 도시 경제 및 생태와도 연결되어 있다.

그 밖에도 도시농업은 학교 텃밭 조성, 교육, 지원, 텃밭지도자와 경작자 교류 및 연대, 유기농자재, 자가채종, 텃밭 농기구와 같은 도시농업농자재 개발 및 보급, 국내외 도시농업자료 축적, 상시교육, 체험, 전시, 상담, 도심 내 견본농장Demonstration Garden 개발활동, 도시농업포럼을 통하여 민간인과 지방자치단체가 함께 도시농업을 모색하는 일, 도시 내 정기적인 농민장터로 진정한 도농교류와 지역먹을거리 운동을 전개하는 일도 도시농업에 포함된다.

2. 세계의 도시농업

외국의 도시농업의 형태로는 독일의 클라인가르텐Kleingarten, 일본의 시민농원, 영국의 얼라트먼트 가든Allotment garden, 러시아의 다차Dacha, 쿠바 아바나의 도시농업, 캐나다의 커뮤니티 가든Community Garden 등 다양한 형태로 존재하며 매우 활발한 활동이 이루어지고 있다.

독일은 클라인가르텐과 같은 도시농업의 활성화로 경제활동 인구 중 농림업종사자는 2%가 되지 않지만 국민모두가 농업을 국가의 중요한 경쟁력으로 인식하고 있다. 그리고 어릴 적부터 농사가 삶의 일부로 되어있어 농촌에 대한 이해가 아주 높다. 독일의 수도 베를린은 시유지에 마련된 커뮤니티 농장에 8만 명이 농사를 짓고 있다.

일본은 시민농원을 설치하여 시민들의 농업체험에 활용할 수 있도록 하고 있다. 우리의 주말농장과 비슷한 형태이지만 지방정부의 적극적 의지로 제도적으로 활성화되고 있다는 점이 다르다. 일본에는 3,273개의 시민농원이 있는데 도쿄 도에만 448개소 2만8,808구획의 시민농원과 63개소 3,630구획의 체험농원이 있다.[119)]

영국 런던에는 737개 도시 텃밭에 3만 6000개 구획으로 나눠 3만 명이 임대 텃밭농사를 하고 있고, 런던 가구의 14%가 자신의 집 정원에서 농사를 지을 정도로 도시농업은 활성화되어 있다.

캐나다 밴쿠버는 올림픽이 열리는 2010년까지 시내에 2,010개의 텃밭을 조성하여 시민의 약 44%가 도시농업에 참여하도록 하여 도시의 환경에 긍정적 역할을 하고 있을 뿐만 아니라 직접 재배하여 소비하는 특성상 농약과 화학비료의 사용을 자재함으로써 안전한 먹을거리를 생산하는 역할을 한다.

미국 뉴욕에서도 1973년 시작된 도시텃밭이 30여년이 지난 현재 600여개로 확대되어 조성되어 있고, 초고층 건물에서 농작물이나 가축을 기르는 수직농업연구가 활발하게 진행되고 있다.

중국의 대표적인 대도시 중의 하나인 상하이는 채소의 80%이상을 도시농업으로 해결하고 있으며, 홍콩과 같은 도시국가에서도 채소의 45%, 닭고기의 68%를 도시농업으로 조달하고 있다. 전형적인 도시국가인 싱가포르는 채소의 25%를 시내에서 생산해 공급하고 있으며, 돼지고기, 닭고기, 달걀은 완전 자급하고 있다.[120)]

---

119) 문화일보, 2010.3.12.
120) 도시농업을 다시 생각한다, 윤호창 http://www.krdf.or.kr/xe/63752008.01.28

쿠바는 도시농업을 중심으로 한 유기농업이 식량자급률 100% 달성에 결정적인 역할을 할 뿐만 아니라 도시의 유기농업이 발전하여 도시면적의 40% 정도가 협동조합 농장을 비롯한 텃밭 농장으로 3만 명 이상의 시민이 경작하고 주곡인 쌀을 비롯해 채소, 축산 등으로 어느 정도 자급하고 있다.[121] 쿠바의 아바나는 전세계 도시농업의 수도라 할 수 있다. 또한 쿠바의 흙 상자 농법은 도시농업의 근간을 이루고 있으며 아바나 채소재배의 대부분을 차지하고 있다. 이 흙 상자 농업은 흙이나 유기물의 비료성분의 유실을 막을 수 있고 작물 재배 첫 해부터 유기재배가 가능하며 수질오염도 예방할 수 있는 특징을 가지고 있다.

전세계적으로 도시농업을 통하여 조달하는 식량은 도시민이 소비하는 음식의 약 1/3 정도 되는 것으로 UN의 유엔개발기구UNDP는 추정하고 있다. 또한 도시농업 종사자 8억 명 가운데 약 6억 명은 자가소비용으로 농사를 짓는 것으로 파악하고 있을 정도다.

3. 왜 도시농업이 필요한가[122]

아무리 인류문명이 바뀐다 하더라도 기본적으로 먹고 살아야 한다는 측면에서 농업은 인류의 중요한 산업일 수밖에 없다. 특히 농촌에 살던 도시에 살던 농업의 중요성과 그 가치를 이해하기 위해서는 전 국민이 농업과 관련된 일을 경험해 보는 것은 그 어떤 일보다 소중하다. 농사일을 해보지 않은

121) 쿠바의 희망이며, 세계의 희망인 유기농업 - 최상업 http://cafe.naver.com/realcuba/93
122) 박세길, 우리농업 희망의 대안, 시대의창, 2007.7, 새로운 사회를 여는 연구원, 새로운 사회를 여는 희망의 조건, 시대의창, 2008.3, 장경호, 식량의 무기 · 투기화와 한국의 '식량주권', 새로운 사회를 여는 연구원, 2008.7에서 주로 인용함.

사람이 먹을거리의 소중함을 알기란 쉽지 않지만, 직접 작물을 키워본 사람이라면 누구나 자신의 경험을 통해 먹을거리의 소중함과 생명의 소중함을 알게 될 것이다. 특히 패스트푸드로 입맛이 길들여진 도시의 아이들이 직접 농사일을 해보고, 직접 가꾼 채소를 먹어 보게 하는 살아있는 교육이 필요하다.

도시농업은 도시의 생태계 순환구조의 회복과 공동체 형성, 개인의 건강뿐 아니라 농업에 대한 도시민들의 인식을 바꿔 전 국민이 책임지는 농업을 위해 매우 소중하다. 지속가능한 농업의 육성은 농민만의 문제가 아니라는 것이고, 국민 전체가 먹을거리 문제를 함께 책임지는 국민농업으로의 전환이 시급하며 농촌사회와 함께 농업의 사활이 걸린 문제이기 때문이다.

도시농업은 도시인과 아이들에게 농업의 중요성을 인식시키는 소중한 경험이 되기도 한다. 도시 아이들에게는 도시농업이 살아 있는 생명의 교육이며 먹을거리 교육으로서 자연과 인간의 공생관계를 몸으로 체험할 수 있는 학습의 장이 될 수 있다. 도시농업은 도시의 경제적, 사회적, 생태적 소생뿐만 아니라 농촌과의 균형 잡힌 발전에 기여하며 국가와 지구환경을 지키는 효과적인 행위이기 때문이다.

도시농업은 도시중심, 물질중심이 경제성장과정에서 폄하된 농업 · 농촌의 소중한 가치를 소생시킬 수 있다. 도시근교의 가족농, 소농이 생산하는 안전한 농산물, 여가 활용과 건강증진, 지구온난화 방지, 지역공동체의 유지 등 본질적 가치를 찾기 위한 소중한 출발점이기 때문이다.

도시농업은 '안전한 먹을거리'를 '안정적으로 공급'하는 데 기여할 수 있다. 식량자급을 포함해서 먹을거리를 안정적으로 공급하는 것이 농업의 일차적 기능이라면 이와 더불어 안전한 식량을 제공해야 한다. 안전한 먹을거리의 공급이 농민만의 몫이 아니며 도시농업도 그 역할을 다할 수 있어야 한다. 도시농업은 농업의 다원적 기능을 유지하는 데 크게 기여할 수 있기 때문이다. 농업의 다원적 기능은 국민 모두의 이해와 직결된다. 파괴된 생태계를 복원시키고 정화하며 홍수를 조절하는 기능은 국민 모두에게 혜택이 돌아가기 때문이다.

21세기 기후 · 환경은 인류 및 농업문명의 전환이 불가피한 상황이다. 특히 과밀화된 도시는 아스팔트와 건물벽에 포위되어 에너지의 순환구조를 막는 등 심각한 환경문제를 야기하고 있다. 개발에 의해 녹지는 줄어들었고, 그나마 있던 농지들은 점점 사라지고 있다. 이에 대처하는 한 대안으로서 도시농업은 도시의 녹지를 늘려주는 주목할 만한 대안이다. 녹지의 개념이 경관과 휴식의 개념이라면 도시농업을 통한 녹지는 생산과 여가, 그리고 교류의 장이기도하다.

4. 지속가능성을 위한 도시농업[123)]

도시농업은 개인의 건강과 한사회의 지속가능성을 높여주는 데 기여할 수 있기도 하다. 그것은 2000년대 들어 새로운 삶의 방식으로 정착되기 시작한 로하스LOHAS, Lifestyle of Health and Sustainability의 확산 때문이다. 물론 로하스는 도시농업이 추구하는 이념들보다 더 광범위한 삶의 방식이지만 도시농업을 통하여 로하스를 실천할 수 있다는 측면에서 중요한 의미를 갖는다.

'로하스'는 말 그대로 '건강과 후대를 위한 지속 가능성을 고려한 생활방식'이다. 웰빙이 개인 차원에서 '잘먹고 잘살자'라는 개념이라면 '로하스'는 사회와 환경과 후세대를 고려하여 개인과 사회 전체의 지속가능성을 중시한다. 로하스는 개인의 행복과 건강은 물론 후세의 행복과 건강을 염려하고 인

123) 오대민 · 최영애, 자연과의 만남으로 나와 세상을 치유하는 도시농업, 학지사, 2006.1.

류문명 차원의 지속가능성을 근본으로 하고 있다는 측면에서 농업문명의 전환을 통한 인류문명의 지속가능성을 이상으로 하는 도시농업과 맥을 같이 한다고 볼 수 있다. 또한 '로하스'라는 생활방식은 도시농업을 통해 우리가 지향하려는 '지속 가능한 사회'를 이해하는 데 도움을 주는 개념이기도 하다. 개인의 건강을 넘어서 지구환경에 대한 국제적 관심은 물론 개인간 · 지역간 경제불균형과 갈등 등을 '로하스'는 고려하기 때문이다.

'로하스'에서도 사용되었지만 근세기의 최대 화두는 '지속가능성sustainability' 또는 '지속가능한 발전sustainable development'이라는 개념을 다시 한 번 도시농업과 연계하여 생각해 볼 필요가 있다. 개발과 환경은 양립하는 것이 아니라 동반자적 관계에서 나온 개념이다. '미래세대의 필요 충족 능력의 감소 없이 현세대의 필요를 충족시키는 발전'이라 정의되기도 한다.[124]

환경자연을 지배의 대상으로 바라보는 인간 중심적 세계관을 발전시킨 인류문명은 지구환경이 스스로 정화할 수 있는 능력의 한계를 벗어나 있고, 산업과 · 세계화에 의한 경쟁력 지상주의와 물신주의는 인간소외의 문제를 야기 시켜 21세기 인류문명과 농업문명의 지속가능성은 중요한 고비를 맞이하고 있다. 이러한 지속가능성에는 일반적으로 '인간도 이 생태계의 일부'로 보고 환경문제를 접근하려는 생태적 지속가능성과 경제적 시스템에 대한 고찰을 중심으로 하는 경제적 지속가능성의 개념이 있다.

생태적 지속가능성은 생명 부양 환경인 지구환경 전체의 지속가능성을 의미한다. 생태계는 우리에게 생명을 지탱할 수 있게 하는 다양한 요소물, 대기, 식량, 섬유, 거주지, 각종 자원를 제공한다. 또한 생태계는 인간을 포함한 동물 및 식물, 미생물의 생명 기반이 되는 지구환경 구성요소들이 생명체와 상호작용을 통해 순환하고 균형을 맞추어 적응하는 모든 과정을 지칭한다. 생태적 지속가

124) Barry, J., 녹생사상사 루소에서 기드슨까지(추선영, 허남혁 공역), 2004, 서울 : 이매진.

능성은 생태계의 적응성과 관련된 상태로서, 생태계 내의 생명체가 생명지속 능력을 유지하면서 건강하게 살아갈 수 있는 범위에서 개발이 이루어지는 상태를 말한다. 따라서 도시라는 공간도 생태적 지속성을 유지해야 한다는 측면에서 예외일 수 없다.

도시농업을 통해 식물과 동물의 성장을 돌보는 작은 움직임은 우리 자신의 삶에 풍요로움을 더해 준다. 그와 더불어 지구환경을 생각하게 하는 계기가 될 수 있다. 건강한 생태계가 사라져 버린 도시환경에 새로운 활력을 불어넣는 도시농업은 생태적으로 지속가능한 사회 건설을 달성할 수 있게 해 준다. 경제적 지속가능성은 자연의 수용능력과 재생산 능력을 고려한 경제활동의 균형을 의미한다. 경제적 지속가능성은 경제발전뿐만 아니라 국가 전체의 경제 지속성을 고려해야 한다. 경제는 환경과의 불균형, 산업간 불균형, 지역간 불균형이 심화될 경우 붕괴된다.

21세기 현재 인류생존의 기본이 되는 생명산업으로서의 농업의 미래는 그리 밝지 않다. 산업이라는 측면이나 경쟁력이라는 잣대만으로 농업을 보고 농업의 다원적 기능과 같은 가치를 보지 못할 경우 농업이라는 산업은 일부 선진국을 제외하고 지구의 전역에서 사라질지도 모른다. 따라서 경제적 지속가능성을 위해 환경과의 조화에 균형을 맞출 수 있는 농업과 농촌, 지역간의 불균형을 완화시킬 수 있는 농촌경제, 산업에 기반을 닦아 주는 1차 산업의 유지에 대한 관심이 필요한 시대다.

그런 측면에서 도시민의 농업 활동은 농업 및 생태환경에 대한 인식의 전환을 가능하게 함으로써 농업 · 농촌의 지속가능성을 제고할 수 있게 한다. 어렵고 힘들며, 가난한 노동이라는 농업에 대한 인식은 도시농업을 통해 새롭게 이해될 수 있으며, 변화된 인식은 농촌과 농업의 미래에 희망을 줄 수 있고, 함께 살아가는 도시와 농촌의 모습을 만들어 갈 수 있다.

이러한 도시농업에서 얻게 될 생태적 · 경제적 지속가능성은 역시 의식전환이 전제되어야 한다. 이기적인 생각에서 벗어나 지구 전체, 공동체 전체를 생각해야 하고, 도시농업을 통하여 이를 실천해 볼 때 우리 사회가 공유하고 있는 지속 가능한 인류문명과 농업문명 전체를 생각하게 함으로써 농업문명 전환의 중요한 단초가 될 수 있다.

16

소비자 생활협동조합(생협) 운동

1. 생협의 의의와 운영

농업문명 전환의 또 다른 한 형태로 소비자 생활협동조합생협 운동을 들 수 있다. 생활협동조합이란 생산자로부터 직접 생활 물자를 싼 가격에 살 목적으로 소비자들이 모여서 만든 협동조합을 의미한다. 소비자는 이 조합을 기반으로 하여 생활의 안정 · 향상과 문화 · 교육의 충실을 도모한다. 구체적으로는 조합원의 생활필수품 매입 · 가공 · 배급, 생활을 위한 공동시설의 이용, 생활개선 교육, 문화향상사업 등을 운영하기도 한다. 생협은 협동을 통해 건강한 사회 공동체를 추구하며 삶의 질을 높이려는 총체적인 주민생활운동의 주체이다. 주민들이 경제적 · 사회적 · 문화적인 요구와 바람을 실현하기 위해 자발적으로 조합을 결성하여 소유 · 운영하게 된다.

협동조합은 영국의 산업혁명이 완성되고 자본주의적 산업발전이 본격화되던 1844년 12월 21일, 맨체스터시 동북쪽 18km 떨어진 소도시 '롯치데일'에서 28명의 직조공이 1파운드씩을 각출하여 오언Robert Owen이 제창한 '이윤 없는 협동조합'을 실현하려는 이상 아래 만들어진 롯치데일 공정선구자조합을 시작으로 탄생하게 되었다. 그곳에서 채택된 1인 1표주의, 시가 현금거래주의, 구매액 비례배당주의, 정치 · 종교적 중립주의, 조합원 교육존중의 원칙은 그 후 각국 협동조합의 기본원칙이 되었다.

생협은 가입한 조합원이 모두 함께 운영한다. 생협의 소유자이자 이용자이자이며 운영자인 조합원이 되기 위해서는 일정한 금액을 출자해야 한다. 출자금을 내는 것은 생협의 주인이 된다는 것을 뜻한다. 일반기업에서는 대주주가 주인이 되고 보유한 주식의 수에 따라 권한이 달라지지만 생협에서는 출자금액의 많고 적음에 관계없이 모든 조합원이 주인이 되고 조합원 누구나 동일한 권리를 가진다.

주인인 조합원은 공동으로 소유한 생협사업체를 원활하게 운영하기 위해 적극적으로 생협사업을 이용해야 한다. 물품구매에서 조합활동까지 다양한 조합사업을 이용해야만 조합원 개개인의 필요와 요구를 협동을 통해 해결할 수 있으며 더 큰 혜택을 누릴 수 있다. 또 한 가지 주인으로서 해야 할 일은 조합운영에 참여하는 일이다. 우리조합의 살림 형편은 어떤지, 어떤 사업을 하는지, 조합원 스스로 관심과 애정을 갖고 참여해야 한다.

2. 생협운동의 목적

자본주의와 신자유주의 하에서 자본의 횡포와 생산 · 유통 자본가, 상인들의 억압에서 스스로 벗어나기 위해 만든 로치데일 공정선구조합의 목적이 생협운동의 목적임은 두말할 필요가 없다. 그러므로 자본주의, 신자유주의가 주류인 21세기 인류문명 사회에서는 협동조합, 생협의 가장 중요한 목적과 목표가 경제적 · 정치적 약자인 소비자, 노동자의 생존과 삶의 질 개선이다.

신자유주의는 자본주의의 기본속성인 자본의 끝없는 사적 축적과 더 높은 이윤과 수익의 안정성을 위해 아시아, 아프리카, 라틴 아메리카 등의 굶주리는 사람들의 자활을 방해하고, 심지어 GMO를 통해 영구적인 식량 지배시스템을 만들고자 하는 것이 21세기 현재의 농업문명의 한 축을 이루고 있다.

21세기 현재 전세계적인 신자유주의와 이에 따른 경쟁력 지상주의는 한 국가 내에서는 물론 국가 간에도 분배의 불공평과 인간소외 그리고 사회적 안전망의 해체와 환경의 파괴와 같은 전 지구적 현상을 초래하였다. 때문에 사회적 약자에 대한 배려나 권리보장은 거대 자본 앞에 점차 미약해져 가고 있다. 이에 대한 대응으로 유럽에서는 사회적으로 배제된 사람들의 사회 참여와 복귀를 목적으로 협동조합의 역할이 법제화되고 활동 또한 왕성하다. 사회적 경제[125]는 더욱 확산되고 그 위상이 점차 높아지고 있는 것이 현 유럽의 추세이다. 민주적인 국가에서 국민의 헌법적인 권리와 상식적이고 당연한 요구에 대해 정부와 대기업이 외면하는 현실에서는 생협이 보다 적극적인 대안을 만들어야만 하는 시대적 책무이기도 하다.

생협활동은 그 효시인 로치데일 공정선구자조합때부터 소비운동이 핵심 과제였다. 협동조합 활동이 소비만이 아니라 생산, 신용 등 많은 부문으로 확산 되었지만 역시 그 바탕에는 소비가 기본이 되고 있다. 생협이 존재해야 하는 가치를 논할 때 일반적으로 '생명 · 평화 · 생태또는 환경'가 많이 등장한다. 이때 생명이라는 가치는 협동조합이 200년 전에 시작할 때 이미 인간특히, 노동자, 소비자에게 폭력적으로 강요하는 자본주의, 물신주의를 극복하기 위해 '인간을 존중해야 한다'는 인간 존엄의 정신으로부터 시작했다. 이러한 인간 존엄의 정신인 협동조합운동은 윤리적 소비의 중요한 축으로 자리매김하고 있으며 그 윤리

125) 민간 영리부문(제1섹터)과 공공부문(제2섹터) 이외의 제3섹터(협동조합이나 NGO, 자선단체 등)

한살림서울의 소비자조합원들이 충남 아산의 한 생산자 농장에서 고구마를 캐고 있다. ⓒ 한살림

적 소비에는 환경, 노동, 동물 복지와 인권 등을 포함하고 있다. 인간 존중의 정신이 곧 생명 사상이기 때문이다.

생협의 또 다른 존재 가치는 생태, 환경의 문제인데 생명, 평화와 달리 기존의 협동조합의 정의, 가치, 원칙과 일치하는 부분도 있지만 경직되게 적용할 경우 갈등적인 요소도 있다.

유럽의 생협에서 환경, 생태 문제가 등장한 것은 1950년대로서 1952년 런던 스모그 그리고 서독의 함부르크, 뮌헨에서 발생한 대기 오염이 북구 핀란드, 스웨덴에 산성비를 뿌리고 그 결과 그 지역의 내륙 호수에 아무 생명체도 살지 못하는 일이 발생한 시기였다. 그래서 독일과 스웨덴의 협동조합 등에서는 50년대 말, 60년대 초부터 친환경 농업에 대해 관심을 가지게 되었고 현재 서부 유럽의 친환경농업 비율은 우리나라 보다 훨씬 높은 비율5 ~ 15% 사이로 발달해 있다.

이렇게 높은 환경의식과 실천력을 가진 서구유럽의 소비자협동조합에서 먹을거리를 취급할 때 '친환경농산물'만 취급하지는 않는다. 서구유럽의 소비자협동조합은 가전제품을 비롯한 거의 모든 생필품을 취급한다. 그 이유는 유럽의 소비자협동조합이 추구하는 목적과 목표는 환경문제의 해결만이 있는 것이 아니라 "생산과 소비, 자본과 생산의 문제, 신자유주의초기에는 자유주의, 자본주의에 의해 배제되는 민중, 시민들에게 협동조합이 어떻게, 무엇을 할 수 있을 것인가"를 함께 고민하기 때문이다. 경제적 여유가 있는 사람들이 접할 수 있는 유기농 먹을거리만으로는 위에 열거한 생산과 소비, 자본과 생산, 신자유주의에 의한 배제 등의 문제를 해결하기 어렵다고 보기 때문이다. 유럽만이 아니고 한국을 제외한 대부분의 나라의 소비자협동조합이 이런 상황이다.

하지만 이와 같은 협동조합들이 환경 문제를 결코 소홀히 하지 않는다. 오히려 중요하게 해결해야할 과제 가운데 하나로 본다. 단지 환경, 생태의 문제가 자본주의의 모순과 무관하다고 보지 않는다는 것이다. 파괴되는 환경 속에 가장 먼저 피해를 보는 사람들은 경제적, 사회적, 신체적 약자들이므로 이 약자들에게 가장 먼저 피해를 입히는 환경 문제를 해결하기 위해 다양한 방식으로 생협의 활동을 고민하기 때문이다.

3. 생협과 윤리적 소비

생협의 소비는 개인의 목적을 위한 소비이지만 협동의 과정을 통해 소비의 내용과 형식이 만들어진다. 친환경 유기 농산물처럼 식품안전과 농업보호라는 사익과 공익이 상호도움이 되는 소비이다. 결국 나와 이웃 그리고 지구환경을 위한 소비가 생협 소비의 본질이다. 이렇게 사회적으로 바람직한 소비를 총칭하는 개념을 "윤리적 소비"라고 정의할 수 있다.

생협의 기준에서 윤리적 소비란 인간과 노동의 관계로서 조합원 자치와 민주적 운영, 아동착취 노동 금지, 인간적 일자리 창출, 비정규직 및 외국인 노동 차별 금지, 공정무역을 통해 세계 평화에 기여해야 하고, 화학첨가물의 엄격한 규제와 농약 · 화학비료 · 중금속이 배제된 농식품을 소비해야 하며,

윤리적소비운동 ⓒ 한살림

화석에너지를 줄이는 노력에 앞장서야 한다. 이러한 윤리적 소비의 3가지 기준은 곧 윤리적 생산의 기준이기도 하며 그 내용은 지속적으로 보충되어한다. 생협에서 물품취급 여부를 판단할 때는 가급적 3가지 기준에 모두 만족하면 좋겠지만 내용적인 충돌이 생길 때는 우선순위에 따라서 지켜지는 것이 바람직하다. 예를 들어 아무리 유기농 초콜릿이라 하더라도 아동 노예노동으로 만들어진 유기농은 선택하면 안 되기 때문이다.

윤리적 소비란 조합원이 소비자로서 물품을 소비하되 '내가 지불한 대가가 그 물품을 생산한 노동자, 농민이 인간답게 살 수 있도록 정당하게 보상한 것인가'를 우선 살피고, '그 물품의 생산과 유통의 과정이 물질과 에너지의 순환을 지속 가능하게 하는 것인가'를 배려하는 소비이다. 이러한 살핌과 배려는 자본에 의해 착취당해 온 제3세계의 민중, 어린이, 여성 등의 생산자와 그들이 생산한 물품에도 적용된다. 30여 년 전에 유럽의 시민사회단체 그리고 협동조합이 이러한 운동을 시작하였고 지금은 많은 나라에서 인간다운 가치에 맞는 소비 방식으로 자리잡아 가고 있다. 윤리적 소비는 궁극적으로 '나'와 '이웃'과 그리고 '지구'의 공생을 위한 소비라고 할 수 있다. 따라서 윤리적 소비의 대상도 농산물, 공산품에 국한되지 않고 문화, 교육, 서비스 등으로 더욱 확대되어야 한다.

4. 소비자 생협의 모범 사례[126]

소비자 생협의 기능과 역할은 매우 다양한 영역에서 이루어진다. 세계 각국의 모든 생협은 기본적으로 안전한 식품 공급과 건강한 식생활 확립을 위해 노력하고 시장을 교정하는 역할을 해왔기 때문에 농업문명의 전환과 관련된 사례가 많이 있다. 일본의 생협은 소비자 운동과 연대해서 식품의 안전성 확보를 위한 캠페인을 펼치고 식품첨가물을 배제한 생협 상품의 개발, 화학비료와 약품을 줄인 농축산물의 도농직거래 등을 통하여 시장에 영향을 미쳤다. 많은 소매 체인들에서도 '안전 · 안심'이나 '도농직거래' 문구를 선전하고 있다.

코퍼라티브그룹Co-operative Group, CG은 영국의 전국생협사업 연합회이며 회원 생협에게 상품을 도매로 공급함과 동시에 자체적으로 소매업을 경영하기도 한다. CG 사업금액은 전국 생협들의 전체 사업 금액의 절반을 차지하

126) 일본21세기코프연구센터 엮음, 생활 인프라의 사회적 활용과 그 미래, 푸른나무, 2008, pp.72~92

고 있다. CG는 3만 명의 소비자가 참여한 갤럽 조사 결과를 바탕으로 1995년부터 '책임 있는 소매업' 정책을 중심으로 소비자의 알권리, 환경보호, 먹을거리와 건강, 공정무역, 윤리적 거래, 차별 없는 접근, 동물복지, 커뮤니티 등의 문제 해결을 위해 노력해 왔다. 식품안전에 관해서는 1994년부터 유전자조작 식품의 표시를 시작하고 1999년부터는 모든 생협 브랜드 상품에는 유전자조작 재료를 사용하지 않는 정책을 실시하고 있다. 또한 가축의 사료에서도 유전자조작 식물은 제외하고 BSE광우병와 연관된 동물성 폐기물육골분 등을 사료로 사용하는 것을 금지하도록 호소했다. GAP우수농산물관리제도에 근거한 영국농업 기준을 지지하고 소형 매장을 포함하여 유기 농산물의 취급을 늘려 왔다.

CG는 공정무역 및 윤리적 거래에서도 국경을 넘어서는 '생활 속의 협동'을 추진하며 소매업계를 리드하고 있다. 윤리적 거래는 상품의 생산 · 유통 과정공급망에 있는 개발도상국 노동자들의 노동조건 개선을 목표로 삼은 실천으로 환경보호, 아동노동 금지와 겹치는 부분도 많다

CG의 커뮤니티 배당community dividend은 조합원 배당 후에 남은 금액페니 단위과 지역사회에 기부하기로 합의한 조합원의 배당금을 모은 것으로 지역의 자원 단체 등에 기부한다.

또한 조합원 배당 카드를 소지한 조합원들이 배당금 전액을 지정 초등학교나 지역의 자선 단체에 기부할 수 있는 제도도 만들었다cash for schools, dividend partner card. 또한 아침 식사 클럽, 커뮤니티 카페, 푸드생협, 소외 지역의 커뮤니티 생협 등 비영리 자조그룹을 지원하기 위해 CG는 미리 등록한 단체에 대해 10%를 할인하여 식품을 제공하고 구입액이 50파운드가 넘으면 배달하는 제도를 두고 있다community food discount.

영국의 그리니치에는 저소득 소수민족의 커뮤니티가 있어서 영양의 불균형으로 인한 심각한 건강문제가 발생한다. 이에 GCDA Greater Cochin Development Authority는 2002년 '건강한 식품을 적정가격에 구할 수 있는 지속 가능한 활동을 펼쳐 건강상의 불평등을 해결하기 위한 커뮤니티 네트워크를 개발함'이라는 목적의 프로젝트를 착수했다. 사업계획의 수립, 자금조달, 마케팅, 커뮤니티의 요구 평가, 자원 활동가 모집, 조리 기술의 훈련, 식단 영양 평가, 건강한 식생활에 관한 출판 등 먹을거리와 연계된 지역 사업이나 활동을 지원하는 프로젝트이다. 처음엔 과채류를 취급하는 소매 협동조합에서 시작하였는데 지금은 각종 주문 요리배달 케터링 협동조합, 시민농장 모임, 아시아 요리 모임, 아침식사 모임, 학교급식, 커뮤니티 카페 등으로 확대되고 있다.

참고문헌

권영근 편, 2000, 『위험한 미래』, 당대.

김동수 · 엄기철 · 윤성호 · 윤순강 · 황선웅, 1994, 『논 왜 지켜야 하는가』, 따님.

김성훈, 1984, 『쌀의 정치경제론』, 한울.

______, 2005.12, 『한국농업경제 연구사』, 『한국경제학사』. 대한민국학술원.

______, 2007, 『한국의 생태적 친환경 도작농업 전망 대담 참고자료』, 제8회 일한중 환경창조형 도작기술회의(2007.8).

김성훈 · 장원석, 1993, 『쌀 개방과 우루과이라운드』, 거름.

김윤성, 2009, 예비사회적기업 콩세알의 시도, '지역과 농업-생태를 위한 새로운 가능성을 열다', 콩세알마을토론회 자료.

김종규 역, 2004, 『기후와 역사 : 기후. 역사. 현대세계』, 한울,

김재수, 2005, 『미국농업정책과 한국농업의 미래』, 백산출판사.

김정희, 2009, 『공정무역 희망무역』, 동연출판사.

김종덕, 2009, 『먹을거리 위기와 로컬푸드』, 이후출판사.

______, 2003, 『슬로푸드 슬로라이프』, 한문화.

김준보, 1995, 국가와 민족과 농업에 대해서, 농업의 재발견, 한국농업경제학회편.

김창길 · 정학균 · 장정경, 2010, 기후변화와 농업부문 대응 전략, 농업전망2010.

김형재, 1999, 『GATT와 WTO세계로의 여행』, 법률출판사.

김환표, 2006, 『쌀밥전쟁』, 인물과 사상사.

농촌진흥청, 2005, 『장수사회농업 · 농촌의 가치조명』.

댄 모건, 1981, 『세계의 곡물재벌들』, 시인사.

도모노 노리오 저, 이명희 역, 2007, 『행동경제학』, 지형.

로버트 울프, 배종하 외 편역, 1998, 『농산물 무역전쟁』, 비봉출판사.
달라이 라마 저, 류시화 역, 2001, 『달라이 라마의 행복론』, 김영사.
마일즈 리트비노프 저, 김병순 역, 2007, 『공정무역(인간의 얼굴을 한 시장 경제)』, 모티브북.
박세길, 2007, 『우리농업 희망의 대안』, 시대의창.
박세길, 2008, 『혁명의 추억, 미래의 혁명』, 시대의창.
박진도, 2005, 『WTO체제와 농정개혁』, 한울.
박창석, 2004, 『농촌 어메니티 자원의 발굴과 마을개발』, 농업기반공사 농어촌연구원.
반다나시바, 칼를로 페트리니 외 저, 송민경 역, 2009, 『테라마드레』, 다른.
브라이언 핼웨일 저, 김종덕 · 허남혁 · 구준모 공역, 2006. 『로컬푸드』, 이후.
브루스터 닌 저, 안진환 역, 2004, 『누가 우리의 밥상을 지배하는가』, 시대의창.
사단법인 흙살림, 2009, 『캐나다 유기생산농가의 으뜸기술은 윤작과 흙관리』.
서미석 역, 2005, 『호모 쿠아에랜스 : 자연과학자의 눈으로 본 인류문명사』, 도서출판 길.
송홍선, 2005, 『숲이 희망이다』, 책씨.
슬로푸드문화원, 2009, 『Good, Clean, Fare』.
쓰노 유킨도 저, 선삼경 역, 2003, 『소농-누가 지구를 지켜 왔는가』, 녹색평론사.
안영환, 2000, 『GATT, WTO를 넘어서 뉴 밀레니엄 라운드까지』, 청년정신.
안철환, 2009, 『시골똥 · 서울똥』, 들녘.
오대민 · 최영애, 2006, 『자연과의 만남으로 나와 세상을 치유하는 도시농업』, 학지사.
오사와 마리 편저, icoop 생활협동조합연구소 역, 2008, 『생활속의 협동』, icoop.
오쇼 라즈니쉬 저, 손민규 역, 2007, 『행복한 동행』, 비전코리아.
라즈파텔 저, 유지훈 역, 2008, 『배부른 제국과 굶주리는 세계 식량전쟁』. 영림카디널.
요시다 타로, 2004, 『생태도시 아바나의 탄생』, 들녘.
유찬희, 2009, 『EU의 친환경 농식품 현황과 미래연구 전망』, 한국농촌경제연구원.
윤석원, 2008. 『농산물 시장 개방의 정치경제론』, 한울.
———, 2009, 『미래 농업 · 농촌 비전과 발전 방안』, 국민농업포럼 농정토론회 발제자료
———, 2003, 「한국농업 100년의 전개과정과 발전방향」, 『한국경제 100년』, 교육인적자원부.
이삼섭, 2002, 「슬로우푸드 운동과 시사점」, 농협조사부.

이판용 · 송두한, 2008, 「국제 곡물 수급요인 분석과 향후 가격 전망」. 『CEO FOCUS』, 24호(2008.3), 농협경제연구소.

이헌목, 2009, 『세계 농산물시장의 변화와 한국농업의 방향』, 한국농산업경영연구소.

이원복, 2006, 『현대문명 진단』, 양지사.

일본21세기코프연구센터 엮음, 2008, 『생활 인프라의 사회적 활용과 그 미래』, 푸른나무.

임경수, 「생태농업의 국제적 동향」, 환경정의시민연대 『우리와 다음』, 5월 · 6월호.

임현백 · 김윤태 · 김철주 · 박찬웅 · 교형면, 2007, 『사회적 경제와 사회적 기업』, 송정.

장경호, 2008, 식량의 무기 · 투기화와 한국의 식량주권, 새로운 사회를 여는 연구원.

장순근, 2004, 『지구 46억년의 역사』, 가람기획.

장하준 저, 형성백 역, 2002, 『사다리 걷어차기』, 부키.

______ 저, 이종태 · 황해선 역, 2006, 『국가의 역할』, 부키.

______ 저, 이순희 역, 2007, 『나쁜 사마리아인들』, 부키.

전성군, 2008, 『슬로시티 운동, 왜 필요한가』, 국정브리핑, 국정넷포터.

전시륜, 2008, 『어느 무명 철학자의 유쾌한 행복론』, 행복한 마음.

전찬익 · 허용준, 2008, 「왜 선진국은 곡물 수출국인가?」, 『곡물파동과 식량위기』, 한국농업정책학회 2008년 제1차 정책토론회 자료집(2008.4.18).

제프 헤인즈 저, 정성호 역, 2003, 『위기의 제3세계 정치론』, 학문사.

정회성, 2009. 『전환기의 환경과 문명』, 지모.

제러드 다이아몬드 저, 강주헌 역, 2005, 『문명의 붕괴』, 김영사.

최 승, 2002, 『도시농업을 이용한 공한지의 활용방안에 관한 연구』, 서울대학교 석사학위논문.

최준호, 2008, 「먹기 불안한 유전자조작농산물」, 『함께사는길』, 2008년 4월호(178호), 환경운동연합.

톰 하트만, 1999, 『우리문명의 마지막 시간들』, 이름들이미디어.

프란츠 알트 저, 박진희 역, 2004, 『생태적 경제기적』, 양문.

프랜씨스 라페 저, 허남혁 역, 2003, 『굶주리는 세계』, 창작과비평.

피터 싱어 저, 김희정 역, 2003, 『세계화의 윤리』, 아카넷.

카를로 페트리니 저, 김종덕 · 황성원 역, 2008, 『슬로푸드, 맛있는 혁명』, 이후.

크리스 하먼 저, 심인숙 역, 2004, 『신자유주의 경제학 비판』, 책갈피.
한국농업경제학회 편, 1995, 『농업의 재발견』, 이진.
하성규 외 2인, 2003. 『지속가능한 도시론』, 서울 : 보성각.
한국농촌경제연구원, 2009, 『국제곡물시장 분석과 수입방식 개선방안』.
황대권, 2008, 한국 생태공동체의 농업현황과 전망, 생태공동체운동센터.
한국생협연대, 2001, 『유기농업과 생협운동』, (사)한국생협연대 사무국.
헬레나 노르베리호지 저, 이민아 역, 2000, 『허울뿐인 세계화』, 따님.
허남혁, 2008, 『내가 먹는 것이 바로 나』, 책세상.
Barry, J. 저, 추선영 · 허남혁 공역, 2004, 『녹생사상사 루소에서 기드슨까지』, 서울 : 이매진.
George Kennedy, 1998, 『천적을 이용, 세계적 온실산업 구축에 기여』, 브리티쉬 콜롬비아 농과대학.
Icoop생활협동조합연구소 한겨레경제연구소 편, 2009, 『세상을 바꾸는 소비자의 힘』, 한겨레출판.
OECD, 2002, 『어메니티와 지역개발』, 새물결출판사.
Yoshida, T., 2002, 『생태도시 아바나와 탄생』, 들녘.
Adeyemi, Abiola et al. (1997). Urban Agriculture: An abbreviated List of References and Resurce Guide. Beltsville, Md: USDA, ARS, National Agricultural Library.
Brian Fagen, The Long Summer: How Climate Changed Civilization, Basic Books, 2004.
Ponting, Clive. 1991. A Green History of the World: The Environment and the Collapse of Great Civilizations, New York:Penguin Books.
Suzanne Havala, M.S., R.D. USDA School Meals Initiative for Healthy Children, 2000.
Smit, J. et al. (1996). Urban Agriculture: Food, Jobs, and Sustainable Cities. New York: United Nortions Development Programme.
University of Wisconsin. (2005). Urban and regional Planning deparment Presents. Ecoplanit Madison. Literature Review.

송혜영(아시아태평양생태환경연구소 소장), 재미있는 사회복지전문 인터넷신문 희망뉴스(www.TheDreamNews.com)

http://navercast.naver.com/science/chemistry/1635

IPCC(Intergovernmental Panel on Climate Change)

http://academic.naver.com/view.nhn?doc_id=12869547

http://www.energyefficiencynews.com/i/2719

http://www.slowfood.com, 슬로푸드 한국위원회

http://www.cittaslow.kr/슬로시티 한국본부

http://cafe.naver.com/fairtradekorea.cafe, 한국공정무역연합회

http://www.krdf.or.kr/xe/63752008.01.28

농촌어메니티정보시스템, '농촌어메니티'의 정의, http://rural.rda.go.kr

농촌어메니티정보시스템, 영역별 농촌어메니티, http://rural.rda.go.kr

지은이 **윤 석 원**

현재 중앙대학교 산업경제학과 교수
중앙대학교 산업과학대학 학장 역임
중앙대학교 산업경영연구소 소장 역임

한국농업정책학회 회장 역임
대통령자문 농특위 본위원 겸 제1분과위원장 역임
국무총리실 정책평가위원 역임
농림부 정책평가위원 역임
WTO 국민연대 상임집행위원장 역임
경실련 농업개혁위원회 위원장 역임
서울 YMCA 양곡은행 부위원장 역임

국민훈장 동백장(2005)

『농산물시장 개방의 정치경제론』, 『한 · 미FTA와 한국의 선택』(공저), 『WTO체재하의 한국농업의 활로』(공저), 『농업정책론』, 『채소종자산업이 한국 농업을 살린다』(공저), 「한국 농업.농촌.농민문제와 정책방향」, 「한국농업 100년의 전개과정과 발전방향」, 「농산물 수입자유화의 계층별 파급효과 추정」, 「쌀 수입개방의 지역별 파급효과 특징」, 「공간균형분석에 의한 주요 쌀 수출국의 국제경쟁력분석」, 「쌀 목표가격 설정과 쌀 정책 방향」, 「한 · 미FTA 농업부문 협정문 평가와 농업 · 농촌 · 농민」 외 다수

KRA와 함께하는 농촌희망재단 농업교양도서 1

기후환경 변화, 세계화 시대
농업문명의 전환

초판 인쇄 / 2011년 1월 5일
초판 발행 / 2011년 1월 15일

지은이 / 윤석원
펴낸이 / 오판근
펴낸곳 / 교우사
출판등록 / 1994년 3월 24일 제6-0256호
주소 / 서울특별시 동대문구 제기2동 148-19
전화 / 02)925-2861(대표전화), 02)925-2825(편집부)
팩스 / 02)925-2860

kyowoo@kyowoo.co.kr
http://www.kyowoo.co.kr

ISBN 978-89-8172-869-4 (04520)
978-89-8172-868-7 (세트)

가격 **13,000**원